はじめよう！
コンピュータネットワーク

渡部 素志・今田 浩・齋藤 貴幸 著

共立出版

まえがき

　コンピュータネットワークはまだ発展途上ですが，すでに私たちの暮らしになくてはならない存在となっています．

　ネットワークの身近な代表選手というと携帯電話でしょう．複数台の携帯電話を使い分けている人も少なくないようですが，一人一台の時代になってきたといわれています．ネットワーク利用では，電話だけではなく，メール，お財布，情報の収集や発信，テレビ等，大活躍の携帯電話です．

　他にネットワークを使用しているのは，銀行，鉄道，車，道路，コンビニやスーパー，天気予報等，なにげなく日常的に利用しているものがたくさんあります．このようにネットワークは，私たちの生活に欠かせないものとなっています．つまり，私たちの生活そのものが，ネットワークに支えられている状態といえると思います．

　今後のネットワークは「いつでも，どこでも，誰とでも通信」というユビキタスネットワークを目指して，さらに発展していくと考えられます．近未来のネットワークはもっともっと家庭内に入ってきて生活が便利になり，それにともない仕事やサービスがますます多様化してくるでしょう．ネットワークは，将来性のある分野ということができます．

　本書は，ネットワーク技術を勉強したいと思っていても，何から始めればいいのかわからない人や，これからネットワークの勉強を本格的に始める人にとって，少しでも興味をもって進められるように配慮して構成しています．項目の順序については，実際の授業の流れを元に編集しました．また，見やすくするために1つの項目については，見開き2ページで完結するように工夫してあります．内容についてはネットワーク系のベンダ試験の標準ともいえる，シスコ社の「CCNA」を取得する足がかりとなるようにしてあります．

　初めての執筆ということもあって，わかりづらい表現もあるかと思いますが「あなた」の，ネットワークに対する知識を深めるのに本書が役に立つのであ

れば，これほど嬉しいことはありません．まずは本書でネットワーク技術の基礎をしっかりと勉強しましょう．

　第1章～第3章を渡部が，第4章・第5章・第8章を齋藤が，第6章・第7章を今田が担当しました．

　第1章ではコンピュータネットワーク全体を見た後，さらに先へ進むために必要な事柄を，第2章ではネットワークの中心的存在のLANについて，第3章では通信を行うための約束事（プロトコル）についてまとめてあります．第4章ではIPv4アドレスとサブネット化の手順について，第5章ではルーティングプロトコルの重要な特徴について，第6章ではインターネットの仕組みとサービスについて説明してあります．第7章では安全にインターネットを利用するためのセキュリティ対策について，第8章ではこれからのネットワークについてまとめてあります．

　各章末の演習問題では，情報処理技術者試験の問題として出題されたもの，CCNAに出題されそうなものを抜粋してありますので，力試しには十分な難易度だと思います．

　最後に，本書の執筆にあたり，お世話いただいた共立出版株式会社の方々に感謝致します．

2008年3月

著者しるす

目　次

1. **コンピュータネットワーク** *1*
   - 1.1 コンピュータネットワークとは？　*2*
   - 1.2 インターネット　*4*
   - 1.3 LAN（ローカルエリアネットワーク）　*6*
   - 1.4 WAN（ワイドエリアネットワーク）　*8*
   - 1.5 通信を行うための工夫　*10*
   - 1.6 デジタルの世界　*12*
   - 1.7 ネットワークの性能　*14*
   - 1.8 アドレス　*16*
   - 1.9 ネットワークトポロジ　*18*
   - 演習問題　*20*
   - コラム　*24*

2. **LAN（ローカルエリアネットワーク）** *25*
   - 2.1 通信制御方法　*26*
   - 2.2 イーサネット（Ethernet）　*28*
   - 2.3 無線 LAN　*30*
   - 2.4 LAN 間接続機器　*32*
   - 2.5 LAN のトポロジ　*34*
   - 2.6 LAN の種類（イーサネット以外の LAN）　*36*
   - 演習問題　*38*
   - コラム　*42*

3. **通信プロトコル** *43*
   - 3.1 OSI　*44*
   - 3.2 OSI 各層の機能　*46*
   - 3.3 TCP/IP　*48*
   - 3.4 TCP/IP 各層の機能　*50*

3.5 OSI と TCP/IP 52
演習問題 54
コラム 58

4. IP アドレス 59

4.1 IPv4 アドレスの概要 60
4.2 ネットワーク部とホスト部 62
4.3 クラスフルなアドレス 64
4.4 クラスレスなアドレス 66
4.5 CIDR(Classless Inter-Domain Routing) 68
4.6 VLSM(Variable Length Subnet Mask) 70
4.7 サブネットワーク 72
4.8 サブネット化 74
4.9 スーパーネット化 76
4.10 プライベートアドレスとグローバルアドレス 78
4.11 NAT と NAPT(IP マスカレード) 80
4.12 IPv6 アドレス① 82
4.13 IPv6 アドレス② 84
演習問題 86
コラム 90

5. ルーティング 91

5.1 静的ルーティング(スタティックルーティング) 92
5.2 動的ルーティング(ダイナミックルーティング) 94
5.3 ルーティングプロトコルの分類 96
5.4 RIP(Routing Information Protocol) 98
5.5 IGRP(Interior Gateway Routing Protocol) 100
5.6 シングルエリア OSPF 102
5.7 マルチエリア OSPF 104
5.8 Integrated IS-IS 106
5.9 EIGRP(Enhanced IGRP) 108
5.10 BGP(Border Gateway Protocol) 110
演習問題 112

コラム　　*116*

6. インターネットの技術　　*117*
　　6.1　インターネットの仕組み①　　*118*
　　6.2　インターネットの仕組み②　　*120*
　　6.3　インターネットの接続方法①　　*122*
　　6.4　インターネットの接続方法②　　*124*
　　6.5　インターネットで使われる各種サービス　　*126*
　　6.6　電子メール　　*128*
　　6.7　電子メールのプロトコル　　*130*
　　6.8　WWW　　*132*
　　演習問題　　*134*
　　コラム　　*138*

7. インターネットのセキュリティ技術　　*139*
　　7.1　インターネット上の脅威①　　*140*
　　7.2　インターネット上の脅威②　　*142*
　　7.3　インターネット上の脅威③　　*144*
　　7.4　インターネット上の脅威④　　*146*
　　7.5　情報セキュリティの三要素　　*148*
　　7.6　ユーザ認証　　*150*
　　7.7　認証の方法　　*152*
　　7.8　ファイアウォール①　　*154*
　　7.9　ファイアウォール②　　*156*
　　7.10　DMZ(DeMilitarized Zone)　　*158*
　　7.11　暗号化　　*160*
　　7.12　暗号化の技術　　*162*
　　7.13　電子署名　　*164*
　　7.14　なりすまし防止　　*166*
　　演習問題　　*168*
　　コラム　　*172*

8. これからのネットワーク　*173*

8.1　Web2.0　*174*
8.2　LAMP　*176*
8.3　Ajax　*177*
8.4　GigabitEthernet　*178*
8.5　SISOとMIMO　*180*
8.6　UWB (Ultra Wide Band)　*181*
8.7　ホームネットワークと情報家電　*182*
　　コラム　*184*

演習問題　正解と解説　*185*
参考文献　*197*
索　　引　*199*

1. コンピュータネットワーク

この章では，コンピュータネットワーク全体について学びます．

1.1 コンピュータネットワークとは?

- コンピュータネットワークとは？
- コンピュータの種類
    パソコン
- OS（オペレーティングシステム）
    Windows, Mac OS
    UNIX, Linux
- ネットワーク接続機器
    ハブ
    スイッチ
    ルータ
    LAN, インターネット
- ネットワークの未来
    ユビキタスネットワーク

●コンピュータネットワークとは？

　コンピュータ同士が通信を行う形態，つまり，パソコン（コンピュータ）を使って情報のやり取りをするネットワークのことをいいます．

　ネットワークとは，通信回線が網の目のように張りめぐらされた様子をいいます．ほとんどのコンピュータは，他のいろいろなコンピュータと通信回線でつながれているため，現在主流となっているネットワーク，それがコンピュータネットワークといえます．

●コンピュータの種類

　ひとことにコンピュータといっても，コンピュータには多くの種類があります．一般に普及しているパソコン（パーソナルコンピュータ），メインフレーム（汎用機）と呼ばれる大型コンピュータ，そのほかにミニコン（ミニコンピュータ），オフコン（オフィスコンピュータ），ワークステーション等です．

　これらのコンピュータが，コンピュータネットワークの主役となります．特に，パソコンの性能向上には目を見張るものがあります（ダウンサイジング）．コンピュータの中でもパソコンが，ほとんど中心になっているといっても過言ではありません．そのくらい，いたるところで活躍しているのがパソコンなのです．

1.1 コンピュータネットワークとは？

●OS（オペレーティングシステム）

コンピュータに使用されているOSも，"Windows"をはじめ"Mac OS"，"UNIX"，"Linux"，"汎用機用OS"等さまざまです．

OS：Operating System
> キーボード入力や画面出力等の入出力機能，ディスクやメモリの管理等，基本的な機能を提供して，コンピュータ全体を管理するソフトウェアのことをいいます．また，OSは「**基本ソフトウェア**」とも呼ばれます．

●ネットワーク接続機器

これら多数のコンピュータが，ハブやスイッチ（スイッチングハブ）と呼ばれる接続機器を使ってつながり，**LAN**（ローカルエリアネットワーク）が構成されます．そして，LAN同士がルータと呼ばれる装置を使ってつながり，大きな1つのLAN（組織LAN）がつくられます．さらに，世界中のLANがルータで接続され，コンピュータネットワークで最大の**インターネット**が構成されています．インターネットが『ネットワークのネットワーク』と呼ばれるのは，このように多くのネットワーク同士が接続されているからです．

●ネットワークの未来

コンピュータネットワークは，世界中に広がるネットワークということができます．ところが，現在のコンピュータネットワークは，まだまだ発展途上なのです．今後のネットワークは，「いつでも，どこでも，誰とでも通信」という**ユビキタスネットワーク**を目指して，ますます発展していくと考えられます．ネットワークは，もっともっと私たちの生活に欠かせない存在になるでしょう．では，そのネットワーク（コンピュータネットワーク）について見ていくことにしましょう．

1.2 インターネット

- ・全世界に広がるネットワーク
- ・プロバイダ
    ISP
- ・インターネットへの接続方法
    常時接続
    ダイヤルアップ接続
- ・インターネットのサービス
- ・インターネットのセキュリティ
- ・通信の規則
    プロトコル（TCP/IP）

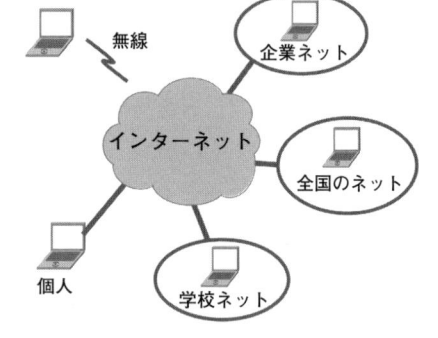

●全世界に広がるネットワーク

インターネットは，全世界の LAN を WAN（ワイドエリアネットワーク）やルータを使用してつないだものです．インターネットは地球全体に広がるグローバルなネットワークで，コンピュータネットワークの代表選手といえます．

日本では，1993 年に現在のインターネットサービスが始まりました．

●プロバイダ

インターネット接続業者のことで，ISP（Internet Service Provider：インターネットサービスプロバイダ）とも呼ばれます．インターネットへ接続するには，プロバイダと契約してサービスを利用する形になります．

●インターネットへの接続方法

・**常時接続**：FTTH（光ファイバ接続），ADSL，CATV

　インターネットにはいつも接続されていて，使いたい時すぐに使用できます．通信速度も速く，料金は定額の設定となっています．

　FTTH（Fiber To The Home）：一般家庭を光ファイバでつなぐ構想

　ADSL（Asymmetric Digital Subscriber Line）：一般電話回線を使って提供される高速データ通信

　CATV（CAble TeleVision）：ケーブルテレビ

・ダイヤルアップ接続：アナログ電話回線，ISDN
　インターネットに接続するとき，ダイヤル接続を行う方式です．一般電話回線やISDNなどの公衆回線を利用して接続します．常時接続に比べて通信速度が遅く，料金は接続時間に比例して（使っただけかかる）必要となります．

● インターネットのサービス

電子メール，**検索**，ホームページ，ブログ（Weblog：ウェブログ），**ダウンロード**，**ショッピング**，**インターネットバンキング**等，情報の提供や情報の利用，情報発信というさまざまなサービスが可能となっています．これらを支えているのが，WWW，FTP，DNS，認証等の技術です．

　WWW：マルチメディアデータの検索，閲覧を行うことができます．ホームページを見ることができるのは，このサービスのおかげです．
　FTP：ファイルの転送を行います．ダウンロードやアップロード等データのやり取りに使用されます．
　DNS：コンピュータの名前（文字列）とIPアドレスの変換を行います．

● インターネットのセキュリティ

便利で楽しいインターネットには，残念ながらデータや接続を脅かすものが多数存在しています．これらは**インターネット上の脅威**と呼ばれ，**なりすまし**（スプーフィング），**盗聴**（スニフィング），**改ざん**，**不正侵入**，**破壊**，**踏み台**等があります．また，通信相手を無差別に選べるということも脅威を大きくしている要素の1つです．この脅威に対して，**ユーザ認証**，**デジタル署名**，**暗号化**，**ファイアウォール**等の対策で対応しているのが現状です．ウイルスに対しては，コンピュータ一台一台に対策が必要となっています．

　デジタル署名：本人であることを証明するための暗号化された情報のこと．
　ファイアウォール：内部LANをインターネットから切り離すためのもの．

● 通信の規則

　インターネットで用いられているプロトコル（通信をするための約束事）が**TCP/IP**です．TCP/IPは，LANにおいても標準的に使用されています．
　TCPとIPは，TCPやIPを基準とするプロトコル群（たくさんのプロトコル）の代表選手です．

1.3 LAN（ローカルエリアネットワーク）

- LAN
- もっとも普及している LAN
  イーサネット
- LAN の構成や接続に必要な機器
  ハブ
  スイッチングハブ
  ルータ
- 無線 LAN
  IEEE 802.11

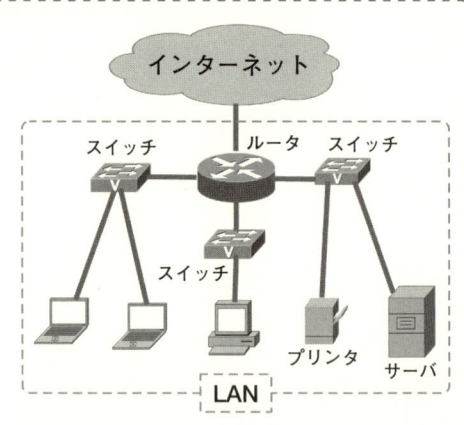

●LAN（ローカルエリアネットワーク）

　LAN は，Local Area Network の略称です．
　限られた区域内で通信を行うネットワークのことで，企業や学校等組織内のネットワークを指します．

●もっとも普及している LAN

　もっとも普及しているのは私たちが使っている LAN で，**イーサネット**と呼ばれる種類になります．Cat5e（エンハンスドカテゴリ 5）のツイストペアケーブルと RJ-45 コネクタで構成される，LAN ケーブルを使って通信する有線 LAN です．この LAN は 100 BASE-TX と表され，規格では IEEE 802.3（IEEE はアイトリプルイーと読む）でまとめられています．

●LAN の構成や接続に必要な機器

・ハブ（**HUB**）

　　リピータレベルの接続機器で，マルチポートリピータ，リピータハブ，ダムハブ等と呼ばれます．受け取ったすべての情報を流すという特徴があります．

10 BASE 5，10 BASE 2，
10 BASE-T 対応ハブ

- スイッチングハブ

    現在もっとも多く利用されているブリッジレベルの接続機器で、スイッチ、レイヤ2スイッチ等とも呼ばれます。受け取った情報の中で必要のないものは流さないという、ネットワークにやさしい特徴をもっています。

100 BASE-TX、10 BASE-T 対応スイッチングハブ

- ルータ

    LAN と LAN、LAN と WAN というように、異なるネットワークの接続を行います。これとは逆に、ルータには大きくなったネットワークを分割するという働きもあります。ハブやスイッチングハブは接続するとすぐ使えますが、ルータは設定をしないと使うことができません。ルータを使いこなすことは、ネットワークエンジニアの醍醐味といえます。

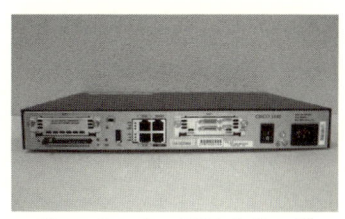

Cisco ルータ 2600 シリーズ

● 無線 LAN

- 電波を利用して通信を行います。LAN ケーブルを使わないので、ケーブルレス LAN といわれることもあります。
- ケーブルを使用しないので、電波が届く範囲であればどこからでも LAN の利用ができるという特徴があります。また、情報が空気中を伝わるので、障害物に弱い、雑音の影響を受けやすい、盗聴されやすいなどの弱点もあります。

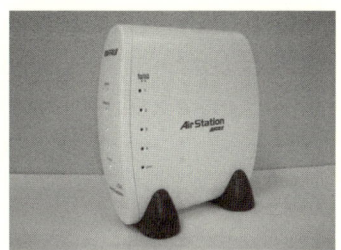

無線 LAN アクセスポイント

- 水周りや火の近くなど、LAN ケーブルの敷設が困難なところでは力を発揮します。
- 規格では IEEE 802.11 としてまとめられています。

1.4 WAN(ワイドエリアネットワーク)

```
・WAN
・コンピュータネットワークに利用されるWAN回線
    一般電話回線，ISDN，ADSL
    CATV，FTTH，携帯電話回線
・WANの特徴
```

●WAN(ワイドエリアネットワーク)

WANは，Wide Area Networkの略称です．

LANに対して，電話などの広域範囲のネットワークをWANといいます．WANは，地球を覆う形で世界中に張り巡らされているネットワークです．もちろんですが，WAN回線を使ってインターネットに接続することができます．

●コンピュータネットワークに利用されるWAN回線

・**一般電話回線**：もっとも身近なWANで，**アナログ回線**となっています．コンピュータネットワークでこの回線を利用するには，**MODEM**（モデム）と呼ばれる機器が必要となります．一般電話回線を利用した場合，**ダイヤルアップ接続**となります．

・**ISDN**：Integrated Services Digital Networkの略称です．サービスを統合してまとめて一本化したもので，**デジタル回線**となっています．コンピュータネットワークでこの回線を利用するには，**DSU**（Digital Service Unit）と呼ばれる機器が必要となります．ISDN回線を利用した場合，**ダイヤルアップ接続**となります．ISDNは，伝送速度は速くありませんが信頼性の高い回線なので，個人利用はもちろんですが，企業などのネットワークでのバックアップ回線として利用されています．

・**ADSL**：Asymmetric Digital Subscriber Lineの略称です．**アナログ回線の一般電話回線を使った**，コンピュータネットワーク用のデジタルサービスです．このサービスを利用するには，**ADSLモデムやスプリッタ**と呼ばれる機器が必要となります．スプリッタは，ア

ナログの電話信号とデジタルのADSL信号を分離する働きがあります．ADSLは，一般電話回線に比べて伝送速度がはるかに速く，電話回線をそのまま利用できるという便利さもあって，爆発的な人気となりました．ADSLを利用した場合，**常時接続**となります．

・**CATV**：CAble TeleVisionの略称です．

CATVは，電波ではなくケーブルを使ってテレビ番組を配信するサービスです．電波が届かない場所や電波障害が多い場所では，このサービスが力を発揮します．現在では，ケーブルには光ファイバが利用されています．この回線（ケーブル）をコンピュータネットワークに利用するもので，**ケーブルモデム**と呼ばれる機器が必要になります．CATVを利用した場合，**常時接続**となります．

・**FTTH**：Fiver To The Homeの略称です．

FTTHは，**光ファイバを使用したデジタルサービス**で，一般家庭におけるコンピュータネットワークの主流となってきています．FTTHを利用した場合，**常時接続**となります．

・**携帯電話回線**：電波を使ったデジタルの電話サービスで，現在ではこちらがもっとも身近なWANといえるくらい利用率が高くなっています．移動体通信のさきがけで，モバイルネットワークが可能となっています．「いつでもどこでも誰とでも通信」ができる『ユビキタスネットワーク』の一役を担っているといえます．

●WANの特徴

・管理は電気通信事業者が行います．
・通信回線の敷設は電気通信事業者が行います．つまり，ユーザが自ら通信回線を敷設することはできません．
・定期的に，回線利用料などの費用がかかります．
・DCEと呼ばれる回線終端装置や，DTEと呼ばれる端末装置の区別があります．DCEにはDSUやMODEMが，DTEには電話機やパソコン，ルータが該当します．

　　DCE：Data Circuit-terminating Equipmentの略称です．
　　DTE：Data Terminal Equipmentの略称です．

1.5 通信を行うための工夫

- ・プロトコル
    - 通信規約
    - TCP/IP
- ・標準化
- ・標準化組織
    - ISO
    - OSI
    - IEEE
    - IETF
    - RFC

● プロトコル

　私たち人間は状況に応じて臨機応変に対応できますが，コンピュータやパソコンは人間のように状況に応じた対応ができません．そこで，コンピュータやパソコンが情報をやり取りするためには，情報をやり取りするための取り決めが必要となってきます．この取り決めのことを，**プロトコル**または通信プロトコルといいます．プロトコルは，**通信規約**と訳されます．送信側と受信側で同じプロトコルを使うことで互いに通信ができます．プロトコルが異なると通信ができません．したがって，通信を行うためには，送信側と受信側で同じプロトコルを対応させる必要があります．

　インターネットで使われているプロトコルが **TCP/IP** です．TCP/IP はインターネットのみならず，LAN で使われるプロトコルの主流となっています．これは，インターネットも LAN も TCP/IP という同じプロトコルを使うと，プロトコルの変換を行わなくてもよいというところに起因しています．

　また，インターネットで使われている技術を使って構築した LAN を **イントラネット** といいます．こうすることで，使用方法が統一されるため，ユーザが LAN やインターネットを意識することなく操作できる環境が作れます．

　TCP/IP：Transmission Control Protocol/Internet Protocol の略称です．

●標準化

異なるメーカ，異なる機種同士が同じネットワークで通信を行うためには，同じプロトコルを使う必要があります．以前は，メーカ独自のプロトコルが主流であったため，メーカが異なるとつながらないという現象に見舞われました．そこで，プロトコルの標準化（統一）が行われました．標準化に沿って機器やソフトウェアを作ることで，メーカや機種を超えたオープンな接続ができます．標準化によって，コンピュータネットワークは目覚しく発展しました．

●標準化組織

プロトコルの標準化を行う組織です．代表的なものに，**ISO**，**IEEE**，**IETF** 等があります．

- **ISO**：International Organization for Standardization の略称です．

    ISOは「**国際標準化機構**」と呼ばれ，技術的，環境的な認定も行っています．ネットワーク分野では，ISOがまとめた **OSI** が有名です．

  OSI：Open Systems Interconnection の略称です．

    「**OSI 基本参照モデル**」とも呼ばれ，プロトコルを体系的にまとめたものです．OSIを理解することは，ネットワーク系エンジニアの必須となっています．OSIは**開放型システム間相互接続**と訳され，7つの階層から成り立っています．7階層は，物理的な第1層から論理的な第7層までまとめられています．各層の名前は，第1層から，物理層／データリンク層／ネットワーク層／トランスポート層／セション層／プレゼンテーション層／アプリケーション層となっています．

- **IEEE**：Institute of Electrical and Electronics Engineers の略称です．

    電気・電子分野における学会で，専門委員会を開き，技術標準を定めています．コンピュータの分野では，LANの規格を定める『802委員会』が有名です．

- **IETF**：Internet Engineering Task Force の略称です．

    インターネットで利用されるTCP/IPなどの技術を標準化する組織で，ここで策定された技術仕様は，**RFC** として公表されます．

  RFC：Request For Comments　プロトコルに対しての意見をまとめた文章化ファイルです．

1.6 デジタルの世界

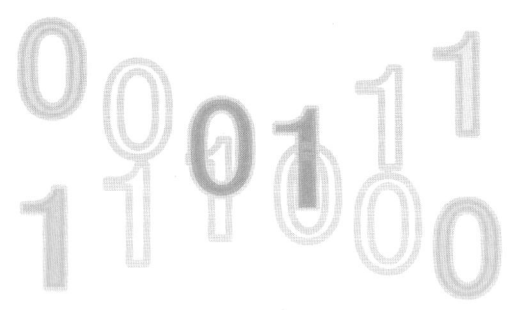

- デジタルの世界
    デジタル
    アナログ
- 2進数
- 10進数と2進数の対応
- 10進数と16進数の対応
- 2進数と16進数の対応

● デジタルの世界

デジタルは"Digital"と書き，「**指折り数える**」という意味があります．つまり，デジタルとは連続していない数や情報を表します．たとえば，1，2，3，……，9，10（整数だけ）といった具合です．逆に，連続した数や情報を**アナログ**"Analog"といいます．たとえば，1～10（1から10までで小数部分を含む）といった具合です．

● 2進数

コンピュータネットワークの世界では，情報は"ビット"と呼ばれる"0"または"1"を表す信号に変換されてやり取りされます．この"0"や"1"は，それぞれ"電圧が低い"，"電圧が高い"のように対応付けされて宛先へ送られます．1回に表現できる最小の情報は，"0"か"1"の2通りしかありません．この表現できる最小の1回を「ビット」つまり「1ビット」といいます．

"0"と"1"だけで表現できるのは2進数なので，**デジタルの世界では10進数ではなく2進数が使われています**．したがって，2進数の1桁を「1ビット」と言い換えることができます．

ビット数が多くなると，多くの情報が表現可能となります．ところが，ビット数が多くなりすぎると，情報の変換や解読，転送に時間がかかってしまいます．これらの時間は，遅延（待ち時間）という形で，処理システムやネットワークシステムに影響を与えることになります．

1.6 デジタルの世界

●10進数と2進数の対応

1ビットでは2通り，2ビットでは4通り，3ビットでは8通り，4ビットでは16通りと，ビット数が1増えると，情報量は2倍になります．

●10進数と16進数の対応

16進数では，1桁で0から15までの数を表現します．そこで，10進数で2桁以上の数（10～15）に対して，アルファベットのA～Fを対応させます．

●2進数と16進数の対応

4ビットで0から15までの数を表現できるため，4ビットを16進数の1桁に対応させる方法がとられています．

では，次の対応表で確認しましょう．

「10進数⇔2進数⇔16進数」対応表

10進数	2進数				16進数
	1ビット	2ビット	3ビット	4ビット	
0	0	00	000	0000	0
1	1	01	001	0001	1
2	これ以上表現できない	10	010	0010	2
3		11	011	0011	3
4		これ以上表現できない	100	0100	4
5			101	0101	5
6			110	0110	6
7			111	0111	7
8			これ以上表現できない	1000	8
9				1001	9
10				1010	A
11				1011	B
12				1100	C
13				1101	D
14				1110	E
15				1111	F
				これ以上表現できない	1桁ではこれ以上表現できない

1.7 ネットワークの性能

- ・情報量
    - ビット
    - バイト
    - オクテット
- ・データ伝送速度
    - ビット／秒
    - bps

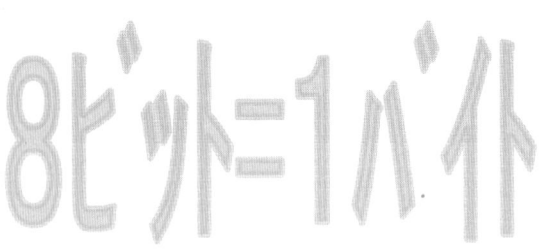

● 情報量

・情報量を表す基本単位はビット（bit）です．ところが，ビットで表現すると桁数が多くなるため，より大きな単位が用いられることがあります．

・8ビットをまとめて，1バイト（Byte）または1オクテット（Octet）といいます．　　8ビット＝1バイト＝1オクテット

・さらに情報量が多い場合は，接頭語（接頭辞）とか補助単位と呼ばれるものを使って表現します（下表参照）．

E	エクサ	1000×1000×1000×1000×1000×1000 倍	10^{18}
P	ペタ	1000×1000×1000×1000×1000 倍	10^{15}
T	テラ	1000×1000×1000×1000 倍	10^{12}
G	ギガ	1000×1000×1000 倍	10^{9}
M	メガ	1000×1000 倍	10^{6}
k	キロ	1000 倍	10^{3}
m	ミリ	1/1000 倍	10^{-3}
μ	マイクロ	1/(1000×1000) 倍	10^{-6}
n	ナノ	1/(1000×1000×1000) 倍	10^{-9}
p	ピコ	1/(1000×1000×1000×1000) 倍	10^{-12}
f	フェムト	1/(1000×1000×1000×1000×1000) 倍	10^{-15}
a	アト	1/(1000×1000×1000×1000×1000×1000) 倍	10^{-18}

1Mバイト，1Gバイト，1Tバイトのように表現します．

表を見ると，上位は下位のそれぞれ1000倍，下位は上位の1/1000倍とな

っています。"マイコン（マイクロコンピュータ）"は1/1000000（100万分の1）の世界、"ナノテクノロジー"は1/1000000000（10億分の1）の世界であることがわかります。

厳密にいうと、2の10乗は1024となりますが、これを約1000としてkにあてはめ、計算しやすく考えています。場合によっては、kを1024とするときがあります。

● データ伝送速度

・「**1秒間に何ビットの情報を送ることができるか**」というネットワークの伝送能力を表すものです。
・単位は、ビット／秒（ビット毎秒）
  bit per secondより、一般に**bps**（ビーピーエス）と呼ばれています。
・LANで主流になっている通信速度は、100 Mbps（メガビーピーエス、1 bpsの1億倍）です。100 Mbpsは、1秒間に1億ビット（＝100×100万）の情報を送り出す能力があることを表します。
・もっと速い通信速度では、1 Gbps（＝1000 Mbps）や10 Gbpsがあります。

|計算例|

① 8バイト ＝ □ ビット

② 16 Mビット ＝ □ バイト

③ 500 Mオクテット ＝ □ ビット

④ 36000ビット ＝ □ オクテット

⑤ サーバから2Gバイトのデータを、データ伝送速度100 Mbpsでダウンロードするのに必要な時間を求めなさい。ただし、処理時間は考えないものとし、伝送効率は100％とします。

《解》単位をビットにそろえます。

  2Gバイト ＝ 2×10^9 バイト ＝ $2 \times 10^9 \times 8$ ビット

  100 Mbps ＝ 100×10^6 bps なので、

  （必要な時間）＝（データ量）÷（データ伝送速度）

              ＝ $(2 \times 10^9 \times 8) \div (100 \times 10^6)$

              ＝ □ 秒　　（解答は1.8の最後にあります）

1.8 アドレス

- ・アドレス
  - IP アドレス
    - 論理アドレス
    - IPv4 & IPv6
    - グローバルアドレス
    - プライベートアドレス
  - MAC アドレス
    - 物理アドレス
    - IEEE で管理
  - ポート番号
    - ウェルノウンポート

172.16.1.255
10.20.30.40
192.168.1.0

●アドレス

　アドレスとは「ネットワーク上の住所」のことです．つまり，ネットワーク上のコンピュータ等，接続されている機器を一台一台区別するためにつけられる数字のことをいいます．アドレスが同じであると，一台一台の区別ができないため通信ができません．したがって，アドレスには異なる数字を割り当てる必要があります．

　アドレスとしては，IP アドレス，MAC アドレスがあります．

●IP アドレス

・IP アドレスは**変更が可能なアドレス**で，**論理アドレス**と呼ばれます．
・同じ番号にならないように，**重複しない数字を割り当てる**必要があります．
・IP アドレスには，**IPv4**（IP バージョン 4）と **IPv6**（IP バージョン 6）があります．
・IPv6 は IPv4 よりも新しい規格のアドレス体系です．
・IPv4 と IPv6 は現在混在して使われていますが，LAN 内では IPv4 が主流となっています．

- IPv6はおもに自動設定ですが，IPv4は自動設定と手動設定が選択できます．
- IPv4は**32ビット**，IPv6は**128ビット**の構成です．
- IPv4では，32ビットを8ビットずつ4つのブロックに区切って表します．さらに，8ビットは10進数に変換されて，「172.16.10.1」のようにドットを使って表現されます．
- IPv4では，インターネットで有効な**グローバルアドレス**と，LAN内のみで有効な**プライベートアドレス**に分けて使用されています．
- グローバルアドレスは世界でたった1つのアドレスとなります．
- プライベートアドレスは，同じアドレスを別のLANで繰り返し使用することができます．

● MACアドレス

- MACは，Media Access Controlの略称です．
- MACアドレスは**物理アドレス**と呼ばれ，**変更が不可能なアドレス**です．つまり，MACアドレスは固定のアドレスで，ネットワーク機器の製造段階で割り当てられます．
- LANでは，この**MACアドレスを使って通信が行われます**．
- 標準化組織の**IEEE**で管理されている**48ビット**構成のアドレスで，"00-0C-12-1A-2B-3C" のように**16進数**で表します．
- 48ビットのうち，前半24ビットはIEEEがメーカに割り当てるメーカ識別子，後半24ビットはメーカが割り当てる固有識別子となっています．

● ポート番号

- アプリケーションを区別するために用いられる番号を，**ポート番号**といいます．アドレスという言葉は使われていませんが，実質的にアプリケーションのアドレスと考えることができます．
- たとえば，ブラウジングには80番，メールには25番というように数字が対応します．このように，ポート番号には決まっている数字があり，これらは**ウェルノウンポート**（well-known port）と呼ばれています．
- ウェルノウンポートには，1〜1023の番号が対応します．

《1.7 ネットワークの性能 計算例 の解答》
① 64 ② 2M ③ 4G ④ 4.5k ⑤ 160

1.9 ネットワークトポロジ

- ネットワークトポロジ
    - ノード
    - リンク
    - バス型
        - ターミネータ
    - スター型
        - 集線装置
    - リング型
    - メッシュ型
    - ツリー型

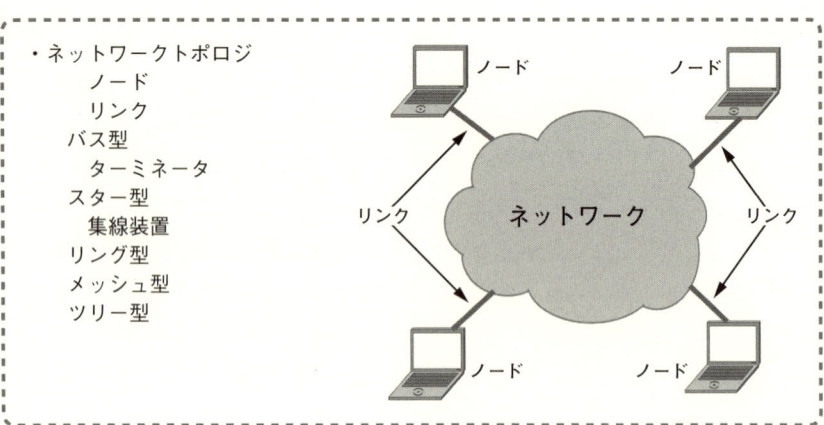

●ネットワークトポロジ

ネットワークの接続形態を**トポロジ**（Topology）といいます．

主なものには**バス型**，**スター型**，**リング型**，**メッシュ型**，**ツリー型**があります．通信制御方式によって，ほぼトポロジが決まってきます．

ネットワークトポロジを表すには，**ノード**や**リンク**を使って表現します．

ノード：コンピュータや接続機器（ステーションともいいます）

リンク：通信回線

●バス型

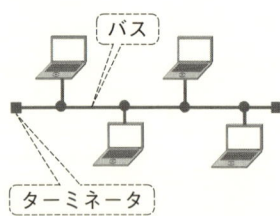

- 一本の幹線にすべてのノードがぶら下がる形態です．
- 通信では幹線となるリンクを必ず通ることになります．この幹線部分は**バス**と呼ばれています．
- このトポロジでは，両端に**ターミネータ**と呼ばれる終端装置を装着し，信号を減衰させます．
- ターミネータが装着されていないと，信号が両端ではね返ってくるので衝突が起こり，通信ができなくなってしまいます．

1.9 ネットワークトポロジ　19

・バス部分に障害が発生すると，ネットワークが利用できなくなります．

● スター型

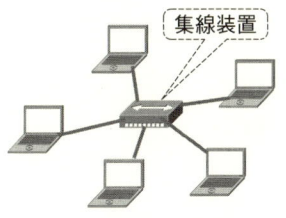

集線装置

・集線装置と呼ばれる1つのノードに，放射線状に他の装置をつなげる形態です．
・このトポロジの中心となる集線装置には，**ハブ**や**スイッチ**があります．
・通信を行うには，必ず集線装置を経由することになります．
・集線装置が故障すると，ネットワークが利用できなくなります．

● リング型

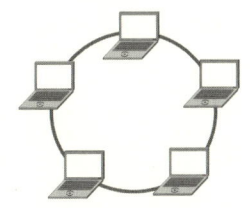

・ノードをリンクでつないでいき，丸く環状に接続していった形態です．
・信号は一方向に回るかたちとなります．
・リンクに障害が発生すると，ネットワークが利用できなくなります．

● メッシュ型

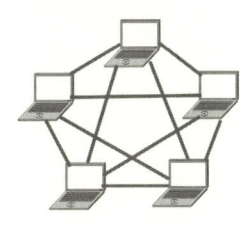

・すべてのノードをリンクで接続した形態です．
・宛先への経路がたくさんあるので，信頼性の高いトポロジとなります．トポロジの中では，信頼度が最も高くなります．
・リンクのダウンが許されない場合のトポロジで，コストは最も高くなります．

● ツリー型

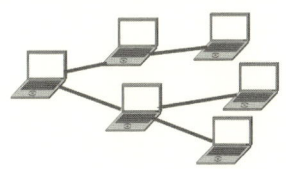

・木（ツリー）構造ともいわれ，階層構造になっています．
・「枝」をもつところが特徴です．
・途中のノードに障害が発生すると，下位ノードに影響が出てきます．

演習問題

※演習は、国家試験から抜粋してあります。シスアドは『初級システムアドミニストレータ』試験、基本は『基本情報』試験、ネットは『テクニカルエンジニアのネットワーク』試験を表します。

問1 現在広く利用されているIPv4に対し，IPv6の導入によって可能になるものはどれか．　　〔2002 秋 シスアド〕
　ア　インターネットの急速な普及によって起きるIPアドレス不足の解消
　イ　電子メールアドレスやドメイン名での日本語使用
　ウ　光ファイバによる一般家庭からのインターネット接続
　エ　複数のホストに同時にパケットを配送するマルチキャスト

問2 LANに接続されている複数のパソコンを，ISDN 1回線を使って，同時にインターネットに接続したい．これを実現するために不可欠な装置はどれか．　　〔2002 秋 シスアド〕
　ア　スプリッタ　　　　イ　ダイヤルアップルータ
　ウ　ブリッジ　　　　　エ　モデム

問3 TCP/IPを使ったネットワークを構成する機器のうち，IPアドレスが不要なものはどれか．　　〔1999 春 シスアド〕
　ア　NIC（ネットワークインタフェースカード）
　イ　トランシーバ
　ウ　ネットワークプリンタ
　エ　ルータ

問4 ISDNを利用して，インターネットサービスプロバイダ（ISP）のアクセスポイントにパソコンを接続する場合，必要となる装置はどれか．　　〔2003 秋 シスアド〕
　ア　ADSLモデム　　　　　イ　ターミナルアダプタ（TA）
　ウ　スプリッタ　　　　　エ　モデム

問5 ADSLに関する記述として，適切なものはどれか．　　〔2005 春 シスアド〕
　ア　既存の電話回線（ツイストペア線）を利用して，上り下りの速度が異なる高速データ伝送を行う．
　イ　電話音声とデータはターミナルアダプタ（TA）で分離し，1本の回線での共有を

実現する．
ウ　電話音声とデータを時分割多重して伝送する．
エ　光ファイバケーブルを住宅まで敷設し，電話やISDN，データ通信などの各種通信サービスを提供する．

問6　インターネットのグローバルアドレスに関する記述として，適切なものはどれか．
〔2000 秋 シスアド〕
ア　IPアドレスを，ネットワーク番号とホスト番号に分けるためのビットパターンである．
イ　NIC（アドレス発行機関）が発行する，世界中で重複のないアドレスである．
ウ　イントラネットなどの独立したIPネットワークを構築するために必要なアドレスである．
エ　電子メールを使用するために必要なアドレスである．

問7　Windowsを用いたTCP/IPネットワークにおいて，同一ドメインに接続した複数のパソコンから，プリントサーバ経由でドキュメントを印刷したい．プリントサーバに関する記述のうち，適切なものはどれか． 〔2005 秋 シスアド〕
ア　プリンタに対する印刷要求のキューは，プリントサーバではなくクライアントに置く必要がある．
イ　プリンタのドライバソフトウェアは，管理者がプリントサーバではなくすべてのパソコンにあらかじめインストールしておく必要がある．
ウ　プリントサーバが共有資源であることをプリントサーバに定義しておく必要がある．
エ　プリントサーバにはIPアドレスを設定する必要がない．

問8　ISDNの基本インタフェースに関する記述のうち，適切なものはどれか．
〔2001 春 シスアド〕
ア　64kビット/秒の情報（B）チャネル2つと，16kビット/秒の信号（D）チャネル1つで構成される．
イ　情報（B）チャネルで利用できるサービスは，パケット交換サービスだけである．
ウ　信号（D）チャネルは制御用のチャネルであり，データ伝送には利用できない．
エ　バス配線構成にすることによって，利用社宅内で複数台の機器を接続できるが，電話機とパソコンのように異種の機器を混在させることはできない．

1. コンピュータネットワーク

問9 ルータの機能に関する記述として，適切なものはどれか． 〔2004 秋 基本〕
ア LAN 同士や LAN と WAN を接続して，ネットワーク層での中継処理を行う．
イ データ伝送媒体上の信号を物理層で増幅して中継する．
ウ データリンク層でネットワーク同士を接続する．
エ 2つ以上の LAN を接続し，LAN 上の MAC アドレスを参照して，データフレームをほかのセグメントに流すかどうかの判断を行う．

問10 LAN に接続された1台のパソコンに，WWW サーバとインターネットメールサーバの機能をもたせた場合，LAN 上の別のパソコンが，この WWW サーバとインターネットメールサーバを識別するために必要なものはどれか．ここで，サーバとなるパソコンは，1つの IP アドレスしか使用しない． 〔2000 秋 シスアド〕
ア DNS サーバの IP アドレス
イ WWW サーバとメールサーバのポート番号
ウ サーバとなるパソコンの製造番号
エ サーバのネットワークインタフェースカードの MAC アドレス

問11 モデムの機能に関する記述として，適切なものはどれか． 〔2002 春 基本〕
ア 送信データのパケット形式への組立てと，受信パケットの分解（データの取出し）を行う．
イ 通信相手のダイヤル番号やアドレスに基づいて，データ交換を行う．
ウ 通信回線上のアナログ信号は，コンピュータや端末が利用するディジタル信号とは構成が異なるので，両者の変換を行う．
エ 伝送制御手順に従って，ビット誤りなどの回復を行う．

問12 ADSL におけるスプリッタの説明として，適切なものはどれか． 〔2005 春 基本〕
ア 構内配線とルータの間のインタフェースのことである．
イ データ用の高周波の信号と音声用の低周波の信号を分離・合成する装置のことである．
ウ 電話局内に配置された ADSL 伝送装置のことである．
エ ノイズによって発生した誤りの訂正を行う機能のことである．

問13 ISDN のチャネル種別に関する記述のうち，適切なものはどれか．〔2006 秋 ネット〕
ア 一次群速度インタフェース(23 B + D)の B チャネルは，チャネル速度 64 k ビット／秒で，ユーザ情報の転送だけに用いる．

イ　一次群速度インタフェース(23 B + D)のDチャネルは，チャネル速度16 kビット／秒で，ユーザ情報と呼制御用信号情報の転送に用いる．

ウ　基本インタフェース(2 B + D)のBチャネルは，チャネル速度64 kビット／秒で，呼制御用信号情報の転送だけに用いる．

エ　基本インタフェース(2 B + D)のDチャネルは，チャネル速度16 kビット／秒で，ユーザ情報の転送だけに用いる．

コラム

ツイストペアケーブル

　一般にイーサネットで使われているケーブルは，UTPと呼ばれる「シールドをしていないツイストペアケーブル」です．シールドがないことで，電磁波などの雑音（ノイズ）に弱いという弱点はありますが，ケーブルがやわらかいので加工しやすく安価であるため，広く使われています．

　ケーブルは写真のように4対8本の線で構成されていて，ペアになった線同士はよってある（ツイスト）のがわかります．そこで，ツイストペアと呼ばれているわけですね．よーく見ると，それぞれのペアのより方が異なっているのがわかります．これは，できる限り雑音の影響をなくする工夫なのです．細かいところまで，よく考えられていますね．

2. LAN（ローカルエリアネットワーク）

この章では，イーサネットを中心として LAN について学びます．

2.1 通信制御方法

```
・通信制御方法
    CSMA/CD 方式
        イーサネット
        搬送波感知
        衝突検出
    トークンパッシング方式
        トークン（送信権）
    ATM 方式
        非同期転送モード
        セル（固定長）
        ハードウェア制御
```

CSMA/CD
トークン
ATM

●通信制御方法

　情報を相手に届けるために必要な通信の仕方のことで，通信制御方式とも呼ばれます．情報を相手に確実に届けるためには，情報が途中でなくなったり，衝突したりすることを避けなければなりません．衝突をさせない方法，衝突を考慮した方法などを取り入れ，それぞれ独自の通信制御方式があります．その中の代表的なものを見ていきましょう．

●CSMA/CD 方式

　LAN の中で，もっとも普及している**イーサネット**で採用されている方式です．

CSMA/CD：Carrier Sense Multiple Access with Collision Detection
　　　　　　　　① 　　　　　　 ② 　　　　　　　　 ③

　CSMA/CD を訳すと，『搬送波感知多重アクセス／衝突検出』となります．通信制御の方法をそのまま並べた形になっています．

① 　Carrier Sense 　→ 　搬送波感知
　　　　他のマシンが通信しているかどうかをチェックします．他のマシンが通信をしている場合は，しばらく待ってから再度チェックを行います．

② Multiple Access → 多重アクセス（多元接続）
LAN上のいろいろな機器が通信できます．つまり，どのマシンも対等に通信権利をもっています．

③ Collision Detection → 衝突検出
衝突が発生すれば検出します．

・いずれのマシンも通信をしていない場合のみ，情報を送ることができます．
・他のマシンが通信をしていたら，しばらく待ってから通信を行います．
・万一，衝突が起きた場合は，しばらく間をおいて**再送**（再度同じ情報を送ること）します．衝突した時の衝撃波であるジャム信号は，同じLAN内のすべてのマシンに知らされます．
・つまり，CSMA/CDは早い者勝ちで情報を送る方式で，衝突が起こることを前提としています．

● **トークンパッシング方式**

トークンリングや**FDDI**で採用されている方式です．

送信権である"トークン"を1方向に1個巡回させ，"トークン"を獲得したマシンだけが情報の送信が行えるという方式です．一定時間に順番が巡ってくるのと，情報の衝突が起こらないため，安定した通信が可能となります．

● **ATM方式**

ATM多重化装置やATMスイッチで構成されるATM技術を用いた方式です．
ATM：Asynchronous Transfer Mode（非同期転送モード）

情報は**セル**と呼ばれる53バイト（ヘッダ5バイト＋データ48バイト）の長さのデータに加工され，機械的に**ハードウェア制御**で送出されます．**データ長が固定**でハードウェア制御なので，**送出スピードが速い**という特徴があります．データは宛先を見て送られるため，データを送出するマシンの順番は決まっていません．

つまり，データが発生すると宛先へ送るというように，同期を取る必要がない方式です．

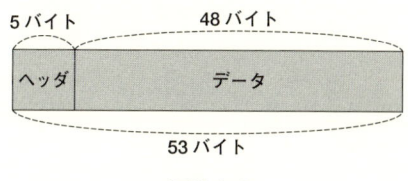

```
         5バイト      48バイト
        ┌──────┬────────────────┐
        │ ヘッダ │     データ      │
        └──────┴────────────────┘
              53バイト

              ATMセル
```

2.2　イーサネット（Ethernet）

```
・イーサネット（Ethernet）
  CSMA/CD 方式
  IEEE 802.3
    100 BASE-TX
    1000 BASE-T
    ツイストペアケーブル
    光ファイバケーブル
    ファーストイーサネット
    ギガビットイーサネット
```

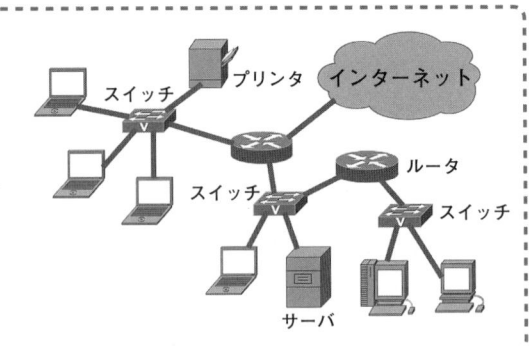

●イーサネット（Ethernet）

　現在最も多く利用されている LAN で，ケーブルや接続装置も安価で構築しやすいという特徴をもっています．通信制御方式は，**CSMA/CD 方式**を使用しています．当初コリジョン（衝突）が発生して通信に時間がかかっていましたが，**全二重通信**の採用で現在ではほとんどコリジョンが発生しないため，軽快に通信を行うことができます．また，以前はバス型が主流でしたが，現在はスター型が主流となっています．

　厳密にはイーサネットの規格ではありませんが，特に問題がないので IEEE 802.3 を一般にイーサネットとしています．

《IEEE 802.3》

　　m BASE n

　　m：データ伝送速度を表します（単位は Mbps）．

　　BASE：伝送方式を表します．ここでの BASE はベースバンド方式のことで，言い換えれば，信号の種類を表しているということができます．ベースバンド信号はデジタル信号のことで，数多くのタイプの信号があります．

　　n：数字の場合は最大セグメント長を，アルファベットの場合はケーブルの種類を表します．

　たとえば，2 は 185 m，5 は 500 m，T はツイストペアケーブル，F は光ファ

イバケーブルを表すという具合になっています．メタリック（金属）のケーブルも高速に対応していますが，さらなる高速性能と信頼性を考えると光ファイバケーブルが今後の主役になると考えられます．

［例］　10 BASE2，10 BASE5（同軸ケーブル）

　　　　10 BASE-T，100 BASE-TX，1000 BASE-T（ツイストペアケーブル）

　　　　100 BASE-F（光ファイバケーブル）

トピック

【1】Ethernet（イーサネット）

　Ether はエーテルとも読むことができます．エーテルは宇宙に広がっている物質とされていますが，このネットワークも"宇宙のように世界に広がって！"と願いをこめて命名されたといわれています．現在，その願いどおりになっているところがすごいですね．

【2】ルータ設定

　ルータ一番手の企業 Cisco（シスコ）では，10 Mbps を Ethernet（イーサネット），100 Mbps を FastEthernet（ファーストイーサネット），1000 Mbps を GigabitEthernet（ギガビットイーサネット）と区別しています．Cisco ルータを設定するときは，この区別が必要となります．

【3】ツイストペアケーブルの Cat

　ツイストペアケーブルの品質を表すもので，**カテゴリ**といいます．数字が大きくなるほど対応できる伝送速度が上がります．

	読み	最大伝送速度	利用例	UTP, STP
Cat5	カテゴリ5	100 Mbps	100 BASE-TX	
Cat5e	カテゴリ5E	1000 Mbps	100 BASE-TX，1000 BASE-T	UTP
Cat6	カテゴリ6	10 Gbps	1000 BASE-T，10 GBASE-T	
Cat6e	カテゴリ6E	10 Gbps	10 GBASE-T	
Cat7	カテゴリ7	10 Gbps	10 GBASE-T	STP

（UTP：シールドなしツイストペアケーブル，STP：シールドありツイストペアケーブル）

2.3 無線 LAN

```
・無線 LAN
    電波を利用
    セキュリティ対策
        WEP
        SSID
        MAC アドレスフィルタリング
    IEEE 802.11
        IEEE 802.11a
        IEEE 802.11b
        IEEE 802.11g
        IEEE 802.11n
    CSMA/CA
    アクセスポイント
```

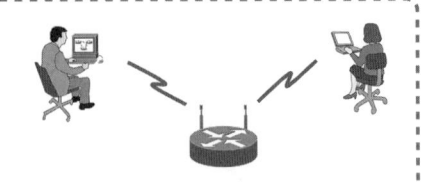

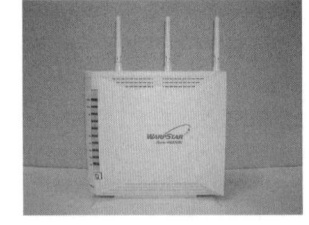

アクセスポイント
IEEE 802.11n 対応ルータ

●無線 LAN

　通信媒体として，ケーブルではなく**電波を利用**する方法です．水や火を使うところ，障害物があるところ等，ケーブルを敷設するには困難な場所でその威力を発揮します．当初は 2 Mbps であった伝送速度も徐々に上がってきて，100 Mbps を超える規格までが登場してきました．

　しかし，空気中を伝播するため，ノイズ（雑音）やデータの損失などに対する対策，盗聴や不正アクセスに対する対策が必要となってきます．無線 LAN では，**暗号化や認証などのセキュリティ対策は当たり前**となっています．セキュリティ対策としては，一般的に，**WEP，SSID，MAC アドレスフィルタリング**等が行われていますが，クラッカー対策としては，これだけでは不十分といわれています．

　　WEP（Wired Equivalent Privacy）：送信データを暗号化する技術で，秘密鍵
　　　　暗号方式を採用しています．
　　SSID（Service Set Identifier）：無線 LAN でのアクセスポイントの識別子を
　　　　表し，一致する端末としか通信ができないようにするものです．

MACアドレスフィルタリング：無線LANカードのMACアドレスをアクセスポイントに登録することで，許可されたマシン以外はアクセスポイントに接続できないようにする機能です．

クラッカー：悪意をもって，コンピュータを不正に利用する人のことです．

無線LANの規格はIEEE 802.11としてまとめられています．

規格としては，**IEEE 802.11a**，**IEEE 802.11b**，**IEEE 802.11g** が一般的ですが，多重化することで高速化を図った次世代無線LANの **IEEE 802.11n** が新たに加えられました．11nは，MIMO技術を使用して，複数のアンテナを組み合わせて帯域幅を広げ送受信を行う方式です．

MIMO（Multiple Input Multiple Output）：帯域幅を広げるために，複数のアンテナを使用する技術です．

無線LANの通信制御方式は，CSMA/CAが採用されています．

CSMA/CA（Carrier Sense Multiple Access with Collision Avoidance）：CSMA/CAを訳すと，『搬送波感知多重アクセス／衝突回避』となります．

有線LANではコリジョン（衝突）の発生を前提とした通信制御ですが，無線LANではコリジョンを検出することができないので，コリジョンを回避する方法がとられています．一定時間回線の空きを確認してから，データを送信する方式です．

無線LANは，「**アクセスポイント**」と呼ばれる機器を使用して有線LANと接続することができます．

無線LANの規格

規格	伝送速度	周波数帯域
IEEE.11a	54 Mbps	5.2 GHz
IEEE.11b	11 Mbps	2.4 GHz
IEEE.11g	54 Mbps	2.4 GHz
IEEE.11n	200〜300 Mbps	2.4 GHz/5.2 GHz

2.4 LAN 間接続機器

・LAN 間接続機器
　ハブ（HUB）
　スイッチ
　ルータ，レイヤ 3 スイッチ
　ゲートウェイ

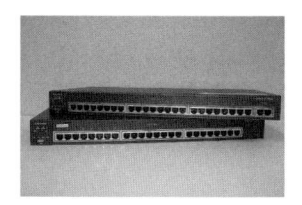

Cisco スイッチ

●LAN 間接続機器
　LAN を構築するための機器としてハブやスイッチ，LAN と LAN，LAN と WAN をつなぐための機器としてルータやゲートウェイ等があります．

●ハブ（HUB）
・ダムハブとかリピータハブと呼ばれる，**リピータレベルの接続機器です．**
　　リピータ：ネットワーク上で信号の再生や中継を行う機器．
・OSI の**物理層**（第 1 層）レベルで接続します．
・電気信号の波形の整形や増幅を行います．
・受信した信号はすべてのポートから送出されます．
・ハブとハブの接続はカスケード接続と呼ばれますが，その台数は 4 台までという制限があります．
・**コリジョンドメイン，ブロードキャストドメインはいずれも分割はできません．**したがって，ハブだけで構成された LAN は，1 つのコリジョンドメイン，1 つのブロードキャストドメインとなります．
　　コリジョンドメイン：データ衝突の影響が及ぶ範囲のネットワークのこと．
　　ブロードキャストドメイン：ブロードキャストデータが届く範囲のネットワークのこと．

●スイッチ
・一般に**スイッチングハブ**と呼ばれる機器で，**ブリッジレベルの接続を行います．**
　　ブリッジ：MAC アドレスをみて，関連ポートのみ信号を中継する機器．
・OSI の**データリンク層**（第 2 層）レベルで接続します．

- **MACアドレスを学習**する機能があり，宛先に該当するポートからのみ信号を送出します．つまり，宛先が存在しないポートからは信号を出さない，ネットワークに優しい機器といえます．これを**フィルタリング機能**といいます．
- カスケード接続の台数制限はなく，**コリジョンドメインを分割する**はたらきがあります．しかし，**ブロードキャストドメインは分割できません**．
- スイッチのポートをグループ化する方法として，近年利用が拡大している**VLAN**（Virtual LAN：バーチャル LAN）があります．
  VLAN：スイッチを使用して，仮想的にグループを設定する技術．

●ルータ，レイヤ3スイッチ

- OSIの**ネットワーク層**（第3層）レベルで接続します．
- **ネットワークとネットワークを接続する機器**で，種類の異なるネットワーク同士の接続も可能です．見方を変えると，ネットワークを分割することができる機器ということもできます．
- IPアドレス（ネットワーク層のアドレス）に基づいて，データ（パケット）の経路を選択して中継します．これを**ルーティング機能**といいます．また，IPアドレスに基づいて，パケットの通過や遮断を制御することができます．これを，**フィルタリング機能**（パケットフィルタリング）といいます．
- ルーティングに用いられる情報は，**ルーティングテーブル**と呼ばれる部分に格納されていて，宛先に応じたルーティングが行われます．
- ルーティングには，ルーティングテーブルの構築や更新を自動で設定するタイプの**ダイナミックルーティング**と，手動で設定を行うタイプの**スタティックルーティング**があります．ダイナミックルーティングでは，ルーティングプロトコルを使用します．
- ルータレベルでは，**コリジョンドメイン，ブロードキャストドメインともに分割することができます**．

●ゲートウェイ

- OSIの**トランスポート層**（第4層）**以上**のレベルで接続します．
- プロトコル変換や異機種間接続ができます．
- ゲートウェイは機器というよりはソフトウェア（パソコン）と考えるとよいでしょう．

2.5 LANのトポロジ

```
・LANのトポロジ
    スター型
        10 BASE-T, 100 BASE-TX, 1000 BASE-T
        ハブ, スイッチ, ツイストペアケーブル
    バス型
        10 BASE5, 10 BASE2
        同軸ケーブル
    リング型
        トークンリング, FDDI
    メッシュ型
        高信頼性, 高コスト
```

ツイストペアケーブル（UTP）

●LANのトポロジ

ネットワークトポロジと同じですが，ここではLANに限った視点で見ていくことにします．実際には，トポロジ単体というよりは組み合わせた形で用いられています．

　　ノード：　○　で表現します．
　　リンク：　──　で表現します．

●スター型

・集線装置として，**ハブやスイッチを用いた場合のトポロジ**となります．

・イーサネットの10 BASE-T，100 BASE-TX，1000 BASE-T等がこの形態となります．リンク（接続ケーブル）には一般に**ツイストペアケーブル**のカテゴリ5e（UTPcat5e）が用いられ，RJ-45と呼ばれるコネクタで接続します．イーサネットの高速化にともなって，リンクには光ファイバケーブルの使用が拡大しています．

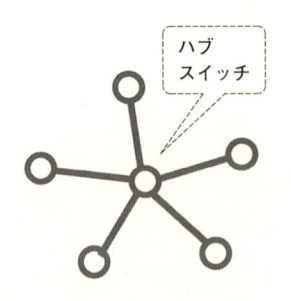

（ハブ／スイッチ）

・スイッチを用いることで，同時に競合しない複数の通信が可能となります．ただし，ハブではこのような通信形態は実現できません．

- イーサネットの発展とともに使用が急激に広がったトポロジで，現在の主流となっています．

●バス型

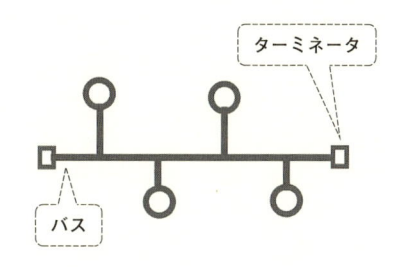

- トランシーバと N 型コネクタ，BNCコネクタを用いて構成される場合のトポロジとなります．
- イーサネットの **10 BASE5**, **10 BASE2** 等がこの形態となります．リンクには**同軸ケーブル**が用いられ，専用のコネクタで接続します．
- バスと呼ばれる幹線の両端には，**ターミネータ**と呼ばれる終端装置が必要となります．ターミネータは信号を両端で反射させないようにするもので，装着しないと通信ができません．
- 幹線部分のバスは共有となるため，争奪や衝突によって利用効率が低下します．

●リング型

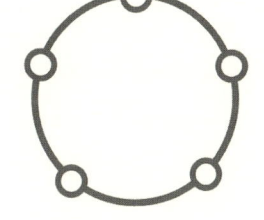

- **トークンリング**の論理トポロジです．
- ノードやリンクが故障すると，ネットワークが利用できなくなります．
- **FDDI**（p.37 参照）ではリングが二重となるので，信頼性が高く，バックボーンネットワークとして利用されています．
- データは一方向に流れます．

●メッシュ型

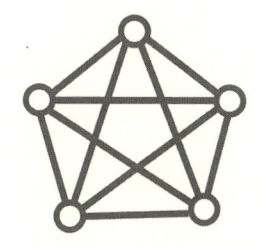

- **信頼性**が最も高いトポロジです．
- ネットワークの基幹部分や高信頼性を求められるサービス等，回線のダウンが許されない部分で使用されます．
- コストが最もかかるトポロジでもあります．

2.6 LAN の種類（イーサネット以外の LAN）

- トークンリング
    - トークンパッシング方式
    - IEEE 802.5
    - アーリートークンリリース方式
- FDDI
    - トークンパッシング方式
    - ANSI
    - 光ファイバケーブル
    - 二重リング
    - アペンドトークンリリース方式
- ATM-LAN
    - ATM 方式
    - セル

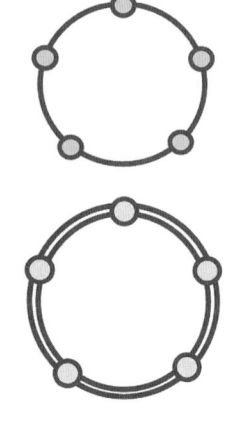

● トークンリング

・通信制御方式に**トークンパッシング方式**を採用したリング型 LAN です．
・規格では **IEEE 802.5** として標準化されています．
・当初 4 Mbps であった伝送速度は，その後 16 Mbps に高速化されました．
・物理トポロジはハブを中心とするスター型が一般的となります．
・データを送ることができるトークンをフリートークン，データを運んでいるトークンをビジートークンといいます．
・送信データがあるノードはフリートークンを捕まえ，宛先やデータをトークンの後ろにつけてビジートークンとしてリング上に送出します．データが宛先に届くと，宛先ノードは受け取ったということをビジートークンに付け加えて送信ノードに返信します．送信ノードは，宛先にデータが届いたことを確認すると，フリートークンをリングに返します．続いて，フリートークンを手に入れたノードがデータの送信をすることができることになります．
・トークンを得たノードだけがデータを送信することができるため，衝突が起こりません．そして，送信の順番がほぼ定期的にめぐってくるという特徴があります．ところが，1 つのノードがリングを長時間占有することが起こる

と，他のノードが送信できなくなります．そこで，一定時間後にトークンを返す**アーリートークンリリース方式**が誕生しました．アーリートークンリリース方式は 16 Mbps のトークンリングで採用されています．

● FDDI

FDDI：Fiber Distributed Data Interface の略称です．

・**光ファイバケーブル**を用い，通信制御に**トークンパッシング方式**を採用した**二重のリング型 LAN** です．一重リングで用いられることもあります．

・**ANSI** によって規格化されています．

ANSI：American National Standard Institute（日本の JIS にあたります）

・ビジートークンであってもデータを送信できるようにした，**アペンドトークン方式**が採用されています．アペンドトークン方式は，トークンをデータの後ろにつける方式です．

・伝送速度は 100 Mbps です．

・二重リングは信頼性が高いため，基幹 LAN の主流となっていましたが，イーサネットに比べて機器の値段が高く，イーサネットの高速化に伴い使われなくなりつつあります．

● ATM-LAN

・通信制御に **ATM 方式**を採用した LAN です．

・トポロジはスター型やメッシュ型が用いられています．

・データは**セル**（53 バイトの固定長）という単位でやりとりされます．

・WAN との相性が良く品質も高いのですが，機器が高価であるため普及率は低くなっています．

> **トピック**
>
> 【これからのイーサネット】
> イーサネットは，現在 10 ギガビットイーサネットまで実用化されています．実は，すでに 40 ギガビットイーサネット（40 GbE），100 ギガビットイーサネット（100 GbE）が調整段階に入っています．ますますネットワークの高速化が図られ，マルチメディア伝送時代に入ってきました．

演習問題

問1 伝送媒体の特徴に関する記述のうち,適切なものはどれか. 〔2003 秋 シスアド〕
ア ツイストペアケーブルは,同軸ケーブルや光ファイバケーブルに比べ,無中継でより長い距離の伝送に使うことができる.
イ 同軸ケーブルは,双方向通信をするために2芯が必要である.
ウ 同軸ケーブルは,光ファイバケーブルやツイストペアケーブルに比べ,より大容量の伝送に使うことができる.
エ 光ファイバケーブルは,石英ガラスやプラスチックでできており,電磁的な干渉を受けない.

問2 CSMA/CD 方式の LAN に接続されたノードの送信動作に関する記述として,適切なものはどれか. 〔2005 春 基本〕
ア 各ノードに論理的な順位付けを行い,送信権を順次受け渡し,これを受け取ったノードだけが送信を行う.
イ 各ノードは伝送媒体が使用中かどうかを調べ,使用中でなければ送信を行う.衝突を検出したらランダムな時間経過後に再度送信を行う.
ウ 各ノードを環状に接続して,送信権を制御するための特殊なフレームを巡回させ,これを受け取ったノードだけが送信を行う.
エ タイムスロットを割り当てられたノードだけが送信を行う.

問3 トークンリング方式の LAN の特徴として,適切なものはどれか. 〔2002 春 基本〕
ア CSMA/CD 方式の LAN と比較すると,高負荷時の伝送遅延が大きい.
イ LAN 上でデータの衝突が生じた場合には,送信ノードは一定時間経過した後に再送する.
ウ データを送信するノードは,まず送信権を獲得しなければならない.
エ 伝送遅延を一定時間以内に抑えるために,ノード間のケーブル長は 500 m 以下である.

問4 イーサネットを構成するケーブルにおいて,単一のケーブル長(セグメント長)を最も長くできるものはどれか. 〔1999 春 シスアド〕
ア 10 BASE2　イ 10 BASE5　ウ 10 BASE-T　エ 100 BASE-TX

問5　ルータがパケットの経路決定に用いる情報として，最も適切なものはどれか．
〔2005 春　基本〕

　ア　宛先 IP アドレス　　　　イ　宛先 MAC アドレス
　ウ　発信元 IP アドレス　　　エ　発信元 MAC アドレス

問6　ネットワーク機器の１つであるスイッチングハブ（レイヤ２スイッチ）の機能として，適切なものはどれか．　　〔2003 秋　シスアド〕
　ア　LAN ポートに接続された端末に対して，IP アドレスの動的な割当てを行う．
　イ　受信したパケットを，宛先 MAC アドレスが存在する LAN ポートだけに転送する．
　ウ　受信したパケットを，すべての LAN ポートに転送（ブロードキャスト）する．
　エ　受信したパケットを，ネットワーク層で分割（フラグメンテーション）する．

問7　無線 LAN の特徴に関する記述のうち，適切なものはどれか．　〔1999 秋　シスアド〕
　ア　10 BASE-T などの有線 LAN で発生する"データの衝突"が発生しないので，有線 LAN よりも伝送効率が良い．
　イ　10 BASE-T などの有線 LAN に接続されたコンピュータとの間では通信をすることができないので，すべてのコンピュータを無線 LAN に接続するようにネットワーク構成を変更しなければならない．
　ウ　LAN ケーブルを使わないので，接続できるコンピュータの台数に制限がない．
　エ　信号が届く範囲であれば，その範囲内の自由な位置にコンピュータを配置することができる．

問8　LAN を構築する際に，ルータを導入する利点として，適切なものはどれか．
〔2005 春　シスアド〕
　ア　接続された複数の LAN のネットワークアドレスを同一にできる．
　イ　接続されている機器の台数の把握や稼働状況の管理ができる．
　ウ　中継する必要のないデータを識別し，通過を抑止することができる．
　エ　ほかの通信に影響を与えることなく，ノードの増設や移設ができる．

問9　無線 LAN で使用される搬送波感知多重アクセス／衝突回避方式はどれか．
〔2005 秋　ネット〕
　ア　CDMA　　イ　CSMA/CA　　ウ　CSMA/CD　　エ　FDMA

2. LAN(ローカルエリアネットワーク)

問10 LANケーブルに関する説明として,適切なものはどれか. 〔2006 秋 ネット〕

ア LANケーブル内の対になった導線がより線となっているのは,導線に発生する外来ノイズを減らすためであり,ケーブル内のすべての対のピッチは均一のほうが効果が高い.

イ カテゴリ5EのUTPケーブルは1000 BASE-Tで利用される非シールドより対線であり,2本の導線が4対収められている.

ウ カテゴリ6のUTPケーブルを使用する1000 BASE-TXでは,1対のより線で250Mビット/秒のデータを上り下り同時に送り,4対合計で1Gビット/秒の全二重通信を実現している.

エ 対線は2本の導線の電位差で情報を伝え,この対線に発生する外来ノイズの大きさは2本の導線の間隔に反比例する.

問11 無線LAN(IEEE 802.11)に関する記述として,適切なものはどれか.

〔2002 秋 基本〕

ア 機器間の距離に制約がない.
イ 情報の漏えいや盗聴の可能性がないので,セキュリティ対策は不要である.
ウ 赤外線や電波を利用しているので,接続機器の移動が容易である.
エ マイクロ波帯の電波を利用する場合は,電波法の規制を受けない.

問12 無線LAN(IEEE 802.11b)で使用されるデータ暗号化方式はどれか.

〔2007 秋 ネット〕

ア SSID　　　イ SSL　　　ウ WAP　　　エ WEP

問13 FDDIにおける送信権制御に関する記述として,適切なものはどれか.

〔2005 秋 ネット〕

ア 各ノードは,他ノードが伝送媒体に送信した信号の有無を調べ,なければ送信を行う.これによって,送信競合の頻度を低減する.

イ トークンと呼ばれる特殊な電文をノードからノードへ巡回させ,送信要求のあるノードは,トークンを受信したときに送信権を得る.

ウ マスタコントローラは,各ノードから送信メッセージを受け取り,宛先に中継することによって,送信競合を防ぐ.

エ マスタコントローラは,各ノードに送信要求の有無を問い合わせ,送信要求のあるノードに送信権を与える.

問14 LANの制御方式に関する記述のうち，適切なものはどれか． 〔2006 秋 ネット〕

ア　CSMA/CD方式では，単位時間当たりの送出フレーム数が増していくと，衝突の頻度が増すので，スループットはある値をピークとして，その後下がる．

イ　CSMA/CD方式では，1つの装置から送出されたフレームが順番に各装置に伝送されるので，リング状のLANに適している．

ウ　TDMA方式では，伝送路上におけるフレームの伝播遅延時間による衝突が発生する．

エ　トークンアクセス方式では，トークンの巡回によって送信権を管理しているので，トラフィックが増大すると，CSMA/CD方式に比べて伝送効率が急激に低下する．

|コ|ラ|ム|

ノートパソコンとネットワーク

　インターネットが盛んになった頃の前後ですが，ノートパソコンをネットワークに接続することが大変な時代がありました．というのは，ノートパソコンには LAN 接続用のポートがなく，LAN に接続するには下の写真のような"LAN カード＋専用ケーブル"が必要だったからです．

　LAN カードは PC カードスロットに挿して使用します．さらに，相性があって，ネットワークに接続すること自体が一筋縄ではいかないという，今では信じられないようなときでした．

　このころは，何をするにも PC カードに頼っていたんですね．したがって，ノートパソコンに LAN 用スロットが搭載されたときは，それはもう大感激でした．

3. 通信プロトコル

この章では，TCP/IP を中心にプロトコルについて学びます．

3.1 OSI

```
・OSI
・OSI の概要
    エンティティ
    プロトコル
    サービス
    コネクション
・OSI の特徴
・データフォーマット
    ヘッダ
    PDU
    カプセル化
```

OSI の各階層と名称

第7層	アプリケーション層
第6層	プレゼンテーション層
第5層	セション層
第4層	トランスポート層
第3層	ネットワーク層
第2層	データリンク層
第1層	物理層

●OSI

OSI（Open Systems Interconnection）:『開放型システム間相互接続』と訳されます．通信プロトコルを階層的に体系化したもので，「**OSI 基本参照モデル**」とも呼ばれます．OSI は，ISO によって標準化されました．また，OSI は 7 つの階層からなり，ネットワークアーキテクチャ（ネットワーク構造）の中心に位置づけられています．

●OSI の概要

・エンティティ

エンティティとは各層に存在する機能モジュールのことで，⟨N⟩層のエンティティを⟨N⟩エンティティといいます．

・プロトコル

⟨N⟩エンティティ間でやり取りされるプロトコルを⟨N⟩プロトコルといいます．

・サービス

⟨N⟩層が 1 つ上の ⟨N+1⟩層に提供する通信機能を ⟨N⟩サービスといいます．

- コネクション

  〈N〉層が〈N+1〉層に提供する論理的な通信路はコネクションと呼ばれ，〈N〉層が提供するコネクションを〈N〉コネクションといいます．

●OSIの特徴

- 各層にあるプロトコルは，**それぞれの層で機能が独立**していて，他の層に影響しません．つまり，ある階層の変更が他の階層に影響しないため，モジュール単位で設計や開発ができるということになります．

- **通信機能を単純化**して実現しています．つまり，各層を機能で分割しているため，保守しやすくなります．

●データフォーマット

- データが伝送されるとき，データは最上位の第7層から下位層へ順に渡され，最下位の第1層まで降りてきます．そのとき各層でヘッダ（制御情報）が付加されます．

- 上位層から渡されたデータにヘッダが付加されたものは**PDU**（Protocol Data Unit）と呼ばれ，各層における基本的な伝送単位となります．

- 各層でヘッダが付加されて下位層へ渡されるといったことを繰り返し，最終的に物理層でビットに変えられ，電気信号として送出されます．

- このように各層でヘッダを付加していくことを**カプセル化**といいます．

- カプセル化におけるデータの各層の呼び方は次のようになります．

    データ（第5層以上） → セグメント（第4層）
    → パケット（第3層）
    → フレーム（第2層） → ビット（第1層）

- 宛先に到着したデータは，今度は逆に第1層から第7層へ向かいます．各層で理解しながらヘッダが取り去られ，上位層に渡されます．そして，最終的に元の情報に戻されてアプリケーションソフトへ渡されます．

カプセル化
データ
↓
セグメント
↓
パケット
↓
フレーム
↓
ビット

3.2 OSI 各層の機能

```
・OSI 各層の機能
    物理層（第1層）
        フィジカルレイヤ
    データリンク層（第2層）
    ネットワーク層（第3層）
    トランスポート層（第4層）
    セション層（第5層）
    プレゼンテーション層（第6層）
    アプリケーション層（第7層）
        応用層

*覚え方は"アプセトネデブ"だそうです．
```

OSI の各階層と名称

第7層	㋐プリケーション層
第6層	㋺レゼンテーション層
第5層	㋞ション層
第4層	㋣ランスポート層
第3層	㋵ットワーク層
第2層	㋡ータリンク層
第1層	㋬ツリ層

OSI 各層の機能や特徴，プロトコルを，最下位の層である物理層から見てみましょう．

●物理層（第1層）

- 『フィジカルレイヤ』とも呼ばれ，電圧等電気的条件，ピンの数やコネクタの形状等物理的条件を定めています．
- ビット単位の転送，つまり電気的なデータ転送を行います．
- ツイストペアケーブル，RJ-45，同軸ケーブル，光ファイバケーブル等がこの層に該当します．

●データリンク層（第2層）

- 直接接続された機器同士で，誤りのないデータ伝送をするための伝送制御を行います．つまり，隣接ノード間で間違いのないデータ転送をしっかり行うということで，隣のノードに確実にデータを送るというはたらきになります．
- フレーム単位の転送を行います．
- CSMA/CD や MAC アドレス等がこの層に該当します．

●ネットワーク層（第3層）

- エンドツーエンドのデータ伝送を行います．つまり，データを宛先まで届けるということです．
- パケット単位の転送を行います．

- ルーティング（経路選択）とデータの**中継**を行います．
- IP（IPアドレス），ICMP等がこの層に該当します．
    ICMP（Internet Control Message Protocol）：IPのエラーや制御メッセージの転送プロトコル．

●トランスポート層（第4層）
- ネットワーク層以下の転送品質とセション層以上で要求される転送品質との間で，品質の不足分を補います．つまり，トランスポート層より下の層の転送品質を上の層の転送品質の要求に見合うように調整するということです．
- **セグメント単位**の転送を行います．
- TCPやUDP等がこの層に該当します．
    TCP（Transmission Control Protocol）：UDPに比べ信頼性は高いのですが，転送速度の遅いプロトコルです．
    UDP（User Datagram Protocol）：TCPに比べ転送速度は速いのですが，信頼性の低いプロトコルです．

●セション層（第5層）
- アプリケーションソフト間のセション（会話）の確立，管理，終了を行います．
- システム間のサービス要求と応答の同期・調整を行います．
- NFS，SQL，RPC等がこの層に該当します．

●プレゼンテーション層（第6層）
- データの表現形式を決定します．通信を行うには，表現形式を送信側と受信側で一致させる必要があります．
- 具体的には，コード体系，暗号化，圧縮等にかかわっています．
- ASCII，JPEG，MPEG，MIDI等がこの層に該当します．

●アプリケーション層（第7層）
- 『応用層』とも呼ばれ，アプリケーションプロセスに通信機能を提供します．
- 電子メール，ファイル転送，リモートアクセス等のサービスを行います．
- SMTP，FTP，TELNET，DNS等がこの層に該当します．

3.3 TCP/IP

```
・TCP/IP の特徴
    インターネットで使用
    TCP と IP は代表選手
    デファクトスタンダード
    RFC で管理
    4 階層
・コネクション型：TCP
    コネクションレス型：IP，UDP
```

TCP/IP の各階層と名称	
第4層	アプリケーション層
第3層	トランスポート層
第2層	インターネット層
第1層	ネットワークインタフェース層

●TCP/IP の特徴

・**TCP/IP** は**インターネット**で**使用**されていて，インターネットとともに発展してきたプロトコル群です．TCP/IP の TCP と IP は代表として挙げられているだけであって，TCP と IP だけを指すものではないということになります．

・TCP/IP がインターネットで使われていることで，LAN も TCP/IP を使って構成すると都合がよくなります．つまり，インターネットに接続する場合，プロトコルが異なるとプロトコルの変換が必要となりますが，同じプロトコルにすることで，プロトコルの変換の必要がなくなるからです．そこで，**多くのネットワークで TCP/IP が使用されている**というわけです．

・TCP/IP は**デファクトスタンダード**（事実上の標準）となっています．

・TCP/IP は IETF が発行する **RFC** という文章ファイルで管理されています．
　IETF（Internet Engineering Task Force）：インターネットの技術を標準化する組織
　RFC：Request For Comments

・TCP/IP は **4 階層の構成**で，OSI と同様に**各層にプロトコルが存在**します．各層の名前は，第1層が**ネットワークインタフェース層**，第2層が**インターネット層**，第3層が**トランスポート層**，第4層が**アプリケーション層**です．

●TCP はコネクション型のプロトコル，IP と UDP は**コネクションレス型**のプロトコルです．

コネクション型：通信前に相手の確認をしたり，あらかじめやり取りの取り決めをしてからデータの送受信を行うタイプをいいます．

コネクションレス型：通信前に相手の確認をしたり，やり取りの取り決めを行わないで，いきなりデータを送信するタイプをいいます．

・したがって，**コネクション型は信頼性が高く**，**コネクションレス型は高速な通信が可能**という特徴をもちます．

・TCP/IP は OSI が制定される前から存在しますが，OSI の各層とほぼ対応しているのがわかります（下表）．もともとの構造設計（アーキテクチャ）がしっかりしていた証拠といえます．基本設計の大切さがよくわかります．

OSI と TCP/IP の各層の対応

OSI		TCP/IP	
第7層	アプリケーション層	アプリケーション層	第4層
第6層	プレゼンテーション層		
第5層	セション層		
第4層	トランスポート層	トランスポート層	第3層
第3層	ネットワーク層	インターネット層	第2層
第2層	データリンク層	ネットワークインタフェース層	第1層
第1層	物理層		

参考

IP ヘッダ

バージョン	ヘッダ長	TOS	パケット長	
識別子			フラグ	フラグメントオフセット
TTL		プロトコル	ヘッダチェックサム	
送信元 IP アドレス（32 ビット）				
宛先 IP アドレス（32 ビット）				
オプション（必要に応じて）				
データ				

3.4 TCP/IP 各層の機能

- ネットワーク
  インタフェース層（第1層）
- インターネット層（第2層）
- トランスポート層（第3層）
- アプリケーション層（第4層）

TCP/IP の各階層と名称

第4層	アプリケーション層
第3層	トランスポート層
第2層	インターネット層
第1層	ネットワークインタフェース層

TCP/IP 各層の機能や特徴，プロトコルを，最下位の層であるネットワークインタフェース層から見ていきましょう．

●ネットワークインタフェース層（第1層）
・直接つながっているコンピュータ間で，データを確実に伝送します．
・OSI の『第1層＋第2層』に該当する部分です．
・LAN のプロトコルでは，IEEE 802.3（イーサネット），IEEE 802.5（トークンリング），IEEE 802.11（無線 LAN），FDDI 等が該当します．
・WAN のプロトコルでは，ATM，フレームリレー，PPP (Point to Point Protocol)，HDLC (High-level Data Link Control) 等が該当します．

●インターネット層（第2層）
・経路選択（ルーティング）や中継を行い，データを宛先のコンピュータに伝送します．
・OSI の『第3層』に該当する部分です．
・中心となるプロトコルは IP（Internet Protocol）です．
・TCP や UDP，ICMP の各データの配送を行います．
・プロトコルは，IP のほか ICMP，ARP 等が該当します．
　ICMP (Internet Control Message Protocol)：IP のエラーや制御のメッセージの転送プロトコル．
　ARP (Address Resolution Protocol)：IP アドレスから MAC アドレス（物理アドレス）を求めるのに使われるプロトコル．

● トランスポート層（第 3 層）
・相手先のプログラムへデータを転送します．
・OSI の『第 4 層』に該当する部分です．
・プロトコルは，TCP，UDP 等が該当します．
 TCP（Transmission Control Protocol）：データに順序番号をつけ，データの受信確認応答やウィンドウ制御を行い，アプリケーション層に信頼できるサービスを提供します．ヘッダは 20 バイト以上となります．
 UDP（User Datagram Protocol）：TCP と同様にチェックサム機能はありますが，その他信頼できるサービスは持ち合わせていないため，ヘッダはわずか 8 バイトという小ささです（p.53 参照）．

● アプリケーション層（第 4 層）
・アプリケーションプログラムに対して，通信サービスを提供します．
・OSI の『第 5 層＋第 6 層＋第 7 層』に該当する部分です．
・プロトコルは，**TCP を利用する FTP，TELNET，SMTP，HTTP，HTTPS，UDP を利用する TFTP，SNMP，DNS，DHCP** 等が該当します．
 FTP（File Transfer Protocol）：ファイル転送用プロトコル
 TELNET：リモートコントロール（遠隔操作）用プロトコル
 SMTP（Simple Mail Transfer Protocol）：メール転送用プロトコル
 HTTP（HyperText Transfer Protocol）：Web サーバとクライアントのデータ送受信用プロトコル
 HTTPS（HyperText Transfer Protocol Security）：HTTP にデータ暗号化機能を付加したプロトコル
 TFTP（Trivial File Transfer Protocol）：FTP の認証機能を除く等 FTP の機能を簡略化したプロトコル
 SNMP（Simple Network Management Protocol）：ネットワーク監視，制御用プロトコル
 DNS（Domain Name System）：コンピュータのホスト名と IP アドレスを対応させるシステム
 DHCP（Dynamic Host Configuration Protocol）：IP アドレスやその他必要な情報を自動的に割り当てるプロトコル

3.5 OSIとTCP/IP

- ・OSIとTCP/IPの各層の対応関係
- ・TCP/IPとプロトコル，ネットワーク接続機器
- ・プロトコルとポート番号
　　ウェルノウンポート

●OSIとTCP/IPの各層の対応関係

日常的にTCP/IPを使用している私たちにとって，OSIとTCP/IPの各層の対応関係を理解しておくことは，ネットワークの構成を考える上で非常に大切なことです．

●TCP/IPとプロトコル，ネットワーク接続機器

TCP/IPもOSI同様，各層にプロトコルが存在しています．また，TCP/IPの各層とネットワーク接続機器との対応も重要です．OSIと対応させてプロトコルや接続機器を確認しておきましょう．

※次の表をぜひ覚えよう！

TCP/IPとプロトコル，ネットワーク接続機器

OSI	TCP/IP	プロトコル	接続機器
アプリケーション層	アプリケーション層	FTP　　　TFTP TELNET　SNMP SMTP　　DNS HTTP　　DHCP HTTPS	ゲートウェイ
プレゼンテーション層			
セション層			
トランスポート層	トランスポート層	TCP　　　UDP	
ネットワーク層	インターネット層	IP　ICMP　ARP	ルータ レイヤ3スイッチ
データリンク層	ネットワーク インタフェース層	IEEE 802.3　ATM IEEE 802.11　PPP FDDI　　　HDLC フレームリレー	スイッチ，ブリッジ
物理層			ハブ，リピータ

●プロトコルとポート番号

よく利用されるアプリケーションプロトコルには，**ウェルノウンポート**（well-known port）と呼ばれるポート番号が割り当てられています．

プロトコル	機　能		トランスポート層	ポート番号
FTP	ファイル転送	データ転送用	TCP	20
		制御用		21
TELNET	リモートコントロール			23
SMTP	電子メールの転送			25
HTTP	Web サーバへのアクセス			80
HTTPS	セキュリティがついた HTTP			443
TFTP	簡易ファイル転送		UDP	69
SNMP	ネットワーク管理			161, 162
DNS	ドメイン名の解決			53
DHCP	IPアドレスの割り振り	サーバ		67
		クライアント		68

参考

TCP ヘッダ

送信元ポート番号（16 ビット）		宛先ポート番号（16 ビット）
シーケンス番号（32 ビット）		
確認応答番号（32 ビット）		
ヘッダ長	予約　コードビット	ウィンドウサイズ
TCP チェックサム（16 ビット）		緊急ポインタ（16 ビット）
オプション（必要に応じて）		
データ		

UDP ヘッダ

送信元ポート番号（16 ビット）	宛先ポート番号（16 ビット）
UDP メッセージ長（16 ビット）	UDP チェックサム（16 ビット）
データ	

演習問題

問1 ルータの説明として，適切なものはどれか．　　〔2004 秋 シスアド〕
ア　データリンク層での接続を行い，トラフィック分離機能をもつ．
イ　トランスポート層以上のプロトコルを含めてプロトコル変換を行い，異なるネットワークアーキテクチャをもつネットワークを相互に接続する．
ウ　ネットワーク層での接続を行い，広域網を介してLAN間を接続する場合などに使われる．
エ　物理層での接続を行い，接続距離を延ばすために使われる．

問2 OSI基本参照モデルのトランスポート層以上が異なるLANシステム相互間でプロトコル変換を行う機器はどれか．　　〔2004 春 基本〕
ア　ゲートウェイ　　イ　ブリッジ　　ウ　リピータ　　エ　ルータ

問3 インターネットで使われるプロトコルであるTCPおよびIPと，OSI基本参照モデルの7階層との関係を適切に表しているものはどれか．　　〔2001 春 基本〕

	ア	イ	ウ	エ
トランスポート層	IP		TCP	
ネットワーク層	TCP	IP	IP	TCP
データリンク層		TCP		IP

問4 TCP/IPネットワークで利用されるプロトコルのうち，ホストにリモートログインし，遠隔操作ができる仮想端末機能を提供するものはどれか．　　〔2004 春 基本〕
ア　FTP　　イ　HTTP　　ウ　SMTP　　エ　TELNET

問5 ネットワーク機器の接続状態を調べるためのコマンドpingが用いるプロトコルはどれか．　　〔2006 秋 ネット〕
ア　DHCP　　イ　ICMP　　ウ　SMTP　　エ　SNMP

問6 OSI基本参照モデルのトランスポート層の機能として，適切なものはどれか．
〔2005 秋 ネット〕
ア　経路選択機能や中継機能をもち，透過的なデータ転送を行う．
イ　情報をフレーム化し，伝送誤りを検出するためのビット列を付加する．
ウ　伝送をつかさどる各種通信網の品質の差を補完し，透過的なデータ転送を行う．
エ　ルータにおいてパケット中継処理を行う．

問7　インターネットに関係するプロトコルや言語に関する記述のうち，適切なものはどれか．　　　　　　　　　　　　　　　　　　　　　　〔2002 春 シスアド〕
　ア　FTP は，電子メールにファイルを添付して転送するためのプロトコルである．
　イ　HTML は，文書の論理構造を表すタグをユーザが定義できる言語である．
　ウ　HTTP は，HTML 文書などを転送するためのプロトコルである．
　エ　SMTP は，画像情報を送受信するためのプロトコルである．

問8　DNS サーバの役割の説明として，適切なものはどれか．　　〔2004 秋 基本〕
　ア　IP アドレスを動的にクライアントに割り当てる．
　イ　一度アクセスした Web ページなどをキャッシュに記憶して，Web サーバに代わってクライアントに応答する．
　ウ　外部から社内ネットワーク（イントラネット）へのダイヤルアップ接続を可能にする．
　エ　ホスト名，ドメイン名を IP アドレスに対応させる．

問9　TCP/IP における ARP の説明として，適切なものはどれか．　〔2004 秋 ネット〕
　ア　IP アドレスから MAC アドレスを得るプロトコルである．
　イ　IP ネットワークにおける誤り制御のためのプロトコルである．
　ウ　ゲートウェイ間のホップ数によって経路を制御するプロトコルである．
　エ　端末に対して動的に IP アドレスを割り当てるためのプロトコルである．

問10　UDP のヘッダフィールドにはないが，TCP のヘッダフィールドには含まれる情報はどれか．　　　　　　　　　　　　　　　　　　　　　　　〔2005 秋 ネット〕
　ア　宛先ポート番号　　　　　　イ　シーケンス番号
　ウ　送信元ポート番号　　　　　エ　チェックサム

問11　ネットワークを構成する装置の用途や機能に関する記述のうち，適切なものはどれか．　　　　　　　　　　　　　　　　　　　　　　　　〔2004 秋 ネット〕
　ア　ゲートウェイは，おもにトランスポート層以上での中継を行う装置であり，異なったプロトコル体系のネットワーク間の接続などに用いられる．
　イ　ブリッジは，物理層での中継を行う装置であり，フレームのフィルタリング機能をもつ．
　ウ　リピータは，ネットワーク層での中継を行う装置であり，伝送途中で減衰した信号レベルの補正と再生増幅を行う．

エ　ルータは，データリンク層のプロトコルに基づいてフレームの中継と交換を行う装置であり，フロー制御や最適経路選択などの機能をもつ．

問 12 OSI 基本参照モデルにおけるネットワーク層の説明として，適切なものはどれか．

〔2004 秋　基本〕

ア　エンドシステム間のデータ伝送を実現するために，ルーティングや中継などを行う．
イ　各層のうち，最も利用者に近い部分であり，ファイル転送や電子メールなどの機能が実現されている．
ウ　物理的な通信媒体の特性の差を吸収し，上位の層に透過的な伝送路を提供する．
エ　隣接ノード間の伝送制御手順（誤り検出，再送制御など）を提供する．

問 13 HDLC 手順に相当する OSI 基本参照モデルの層はどれか．　　〔2003 春　基本〕

ア　データリンク層　　　　イ　トランスポート層
ウ　ネットワーク層　　　　エ　物理層

問 14 TCP/IP 環境でネットワークを構築するとき，クライアント数が多くなると IP アドレスの管理が煩雑となる．クライアントからの要求によって動的に IP アドレスを割り当てることで，IP アドレスの管理が効率化できるプロトコルはどれか．

〔2005 春　基本〕

ア　DHCP　　　　イ　HTTP　　　　ウ　LDAP　　　　エ　SNMP

問 15 CSMA/CD 方式の LAN で使用されるスイッチングハブ（レイヤ 2 スイッチ）は，フレームの蓄積機能，速度変換機能や交換機能をもっている．このようなスイッチングハブと同等の機能をもち，同じ階層で動作する装置はどれか．

〔2003 秋　ネット〕

ア　ゲートウェイ　　　　イ　ブリッジ
ウ　リピータ　　　　　　エ　ルータ

問 16 IEEE 802.3 は，CSMA/CD 方式による LAN のアクセス方式の標準である．OSI 基本参照モデルのうち，IEEE 802.3 で規定されている最上位層はどれか．

〔2003 秋　ネット〕

ア　セション層　　　　　イ　データリンク層
ウ　トランスポート層　　エ　ネットワーク層

問 17 Web サーバにおいて，クライアントからの要求に応じてアプリケーションプログラムを実行して，その結果をブラウザに返すなどのインタラクティブなページを実現するために，Web サーバと外部プログラムを連携させる仕組みはどれか．

〔2005 秋 基本〕

ア CGI　　　イ HTML　　　ウ MIME　　　エ URL

問 18 TCP/IP ネットワークにおいて，TCP を使用するアプリケーションはどれか．

〔2004 秋 ネット〕

ア DHCP　　　イ FTP　　　ウ ICMP　　　エ NTP

コラム

ICMPはお助けプロトコル！

ICMPはIPを助けるメッセージプロトコルです．

ICMPには，ネットワークの確認によく使われるサービスがあります．それが，"ping"と"tracert"です．（ただし，"tracert"はWindows系でのコマンドです．CiscoルータやUNIX系では"traceroute"が使われます．）

"ping"は，ICMPの『エコー要求』と『エコー応答』というサービスを利用して，接続確認（つながっているかどうか）を行います．

Windows系での使い方は，コマンドプロンプトで，

  ping␣（IPアドレスまたはコンピュータ名）（␣は半角スペース）

"tracert"は，ICMPの『到達不可メッセージ』というサービスを利用して，パケットの通過点の確認を行います．

Windows系での使い方は，コマンドプロンプトで，

  tracert␣（IPアドレス）   （␣は半角スペース）

このように，ICMPのサービスを利用して，ネットワークの接続状況確認を行うことができます．

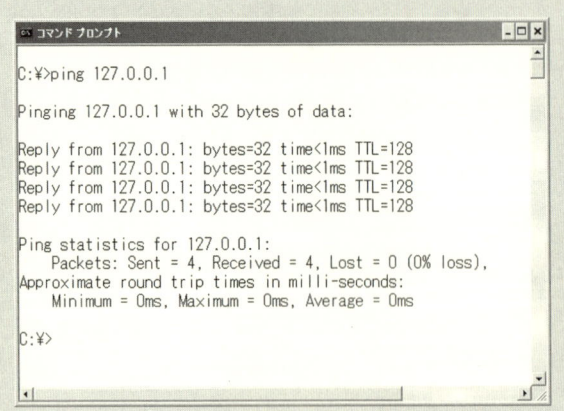

```
コマンド プロンプト

C:¥>ping 127.0.0.1

Pinging 127.0.0.1 with 32 bytes of data:

Reply from 127.0.0.1: bytes=32 time<1ms TTL=128
Reply from 127.0.0.1: bytes=32 time<1ms TTL=128
Reply from 127.0.0.1: bytes=32 time<1ms TTL=128
Reply from 127.0.0.1: bytes=32 time<1ms TTL=128

Ping statistics for 127.0.0.1:
    Packets: Sent = 4, Received = 4, Lost = 0 (0% loss),
Approximate round trip times in milli-seconds:
    Minimum = 0ms, Maximum = 0ms, Average = 0ms

C:¥>
```

4. IPアドレス

この章では，IPv4アドレスを中心にアドレス設計について学びます．

4.1 IPv4 アドレスの概要

- コンピュータの世界における住所
- 32 ビット固定長でドット付き 10 進数による表示
- ネットワーク部とホスト部に分けられている
- サブネットマスクとセット
- 最大 42 億 9496 万 7296 通りのため世界規模でアドレス枯渇の危機に
- クラスフルアドレスからクラスレスアドレスへ

　IP アドレスとは，コンピュータの世界での「住所・電話番号」といえます．人間が引っ越しをすると住所や電話番号が変わるように，IP アドレスも必要に応じてその値を変更できます．現在，世界で一般的に使用されている IP プロトコルはバージョン 4 になります．IP バージョン 6 体系もすでに利用が始まっていますが，IPv6 については後述することにして，まずは IPv4 の特徴を説明していきます．

　IPv4 での IP アドレス（以降は IP アドレスと表現します）は，32 ビットの固定長であるため，約 43 億通りしか表現できません．地球の人口が 60 億としても，全員が同時に IP アドレスを利用することはできません．**これが IPv4 アドレス枯渇の問題**です．IP アドレスは**ドット付き 10 進数**として，以下のように表現されます．

172.16.10.254　　　192.168.1.1　　等

　ドットで区切られた 1 つの数字は 8 ビットで表現できるので，値は 0～255 となります．つまり，**IP アドレスの数値として使われる数は 0～255 の値のみである**，ということです．

　また，ドットで区切られた 8 ビットの部分のことを**オクテット**と呼び，左側から順に第 1 オクテット，第 2 オクテット，第 3 オクテット，第 4 オクテットと呼んでいます．

　IP アドレスを理解する上で欠かせないのが，**サブネットマスク**です．サブネットマスクは，IP アドレスの**ネットワーク部**と**ホスト部**の境界を示します．

　サブネットマスクも IP アドレスと同じように，ドット付き 10 進数で表すのが一般的です．ネットワーク部とホスト部の境界を表すのがサブネットマスク

ですが，では一体どのようにその境界を表現しているのでしょうか？ それはサブネットマスクをドット付き 10 進数表記から，ドット付き 2 進数表記に変換するとよくわかります．なぜならサブネットマスクは 2 進数表記すると，**必ず 1 の連続の後に 0 の連続となるからです**．

例 1		Network	Host		
IP アドレス		10	1	2	3
対応する サブネットマスク	10 進数表記	255	0	0	0
	2 進数表記	11111111	00000000	00000000	00000000
例 2		Network		Host	
IP アドレス		172	16	6	10
対応する サブネットマスク	10 進数表記	255	255	0	0
	2 進数表記	11111111	11111111	00000000	00000000
例 3		Network			Host
IP アドレス		192	168	1	171
対応する サブネットマスク	10 進数表記	255	255	255	0
	2 進数表記	11111111	11111111	11111111	00000000

サブネットマスクのオクテットの値は，0 あるいは 255 のいずれかであるとは限りません．後述する **4.8 節のサブネット化**で説明します．

改めてサブネットマスクの意味ですが，**サブネットマスクの連続する 1 と 0 の境界**，それが **IP アドレスのネットワーク部とホスト部の境界**を示しています．

4.2 ネットワーク部とホスト部

- ・ネットワーク部とホスト部
- ・ホストアドレス
- ・ネットワークアドレス
- ・ブロードキャストアドレス

●ネットワーク部とホスト部

　IPアドレスは大きく分けるとネットワーク部（＋サブネット部）とホスト部の2つに分けられます．住所に例えると，次のようになります．

ネットワーク部	都道府県や群市町村といった大きな範囲
ホスト部	番地等のある範囲の中での特定の場所

　住所の場合，都道府県⇨群市町村の順に範囲を絞って，その次に番地で目的の建物を特定しています．IPアドレスでも同じようにネットワーク部で大まかな範囲を絞ってから「その範囲の中のどれか」を特定するのにホスト部の値を使用しています．

●ホストアドレス

　一般的にIPアドレスと呼ばれているアドレスは，正しくは**ホストアドレス**と呼びます．文字どおり，各ホストコンピュータへ設定できる種類のアドレスの総称がホストアドレスです．値の範囲としては，**ホスト部の値が2進数表記でオール0とオール1の2つを除いたものすべて**となります．

●ネットワークアドレス

　ネットワークアドレスとは，あるネットワークセグメントそのものを一括して表す場合に使用するアドレスです．**ネットワークアドレスの特徴は，ホスト部の値がオール0である**，ということです．ルーティングテーブルには基本的にこのネットワークアドレスが記録されます．

●ブロードキャストアドレス

　ブロードキャストアドレスとは，ネットワークセグメントに**配置された全ホ**ストを表す場合に使います．通常の通信では**ユニキャスト**（1対1）ですが，

ブロードキャストアドレスを宛先アドレスに指定するとブロードキャスト（1対多）での通信となります．ユニキャストの通信は例えば電話での通話であり，ブロードキャストの通信は教室での授業の様子ということがいえます．

> 同一のネットワークセグメントでは，ネットワークアドレス，ホストアドレス，ブロードキャストアドレスのネットワーク部の値はすべて同じです

例）　ネットワークアドレスが 192.168.1.0 でサブネットマスクが 255.255.255.0

	第1オクテット	第2オクテット	第3オクテット	第4オクテット
ネットワークアドレス	192	168	1	0
ホストアドレス	192	168	1	1〜254
ブロードキャストアドレス	192	168	1	255
サブネットマスク	255	255	255	0

4.3 クラスフルなアドレス

- ネットワーク部とホスト部の境界は固定されている
- A～E のアルファベットで分類
- ホストアドレスにはクラス A～C
- マルチキャストアドレスにはクラス D，研究用にクラス E

●ネットワーク部とホスト部の境界は固定されている

クラスフルアドレスとは，IP アドレスの第 1 オクテットのビットパターンによって，**固定的**にネットワーク部とホスト部の境界が決められたアドレスのことをいいます．

●A～E のアルファベットで分類

クラスフルアドレスは，第 1 オクテットのビットパターンによってクラス A からクラス E まで分類されます．クラス A～C の対応は以下のとおりです．

	クラス A	クラス B	クラス C
ネットワーク部	1 オクテット	2 オクテット	3 オクテット
ホスト部	3 オクテット	2 オクテット	1 オクテット
1 セグメント内のホスト数	$2^{24}-2$ (16777214)	$2^{16}-2$ (65534)	$2^{8}-2$ (254)
第 1 オクテット	0xxxxxxx	10xxxxxx	110xxxxx
サブネットマスク	255.0.0.0	255.255.0.0	255.255.255.0
IP アドレス	0.x.x.x～127.x.x.x	128.x.x.x～191.x.x.x	192.x.x.x～223.x.x.x

※ どのクラスであっても，ネットワーク部とホスト部のオクテットの合計は 4 オクテット（32 ビット）となります．

●ホストアドレスにはクラス A～C

コンピュータやルータ等のノードに IP アドレスを設定する際，設定できるアドレスはクラス A～C までのアドレスしか設定できません．また，同じネットワークセグメントの中でホストに割り当てられる IP アドレスの数は表のとおり，クラス A では約 1677 万，クラス B では 65,534，クラス C では 254 と

なります．

　ネットワークセグメントは，ブロードキャストパケットが届けられる範囲（ブロードキャストドメインという）といえます．1677 万のホストすべてにブロードキャストパケットを送ることは現実的ではありません．65,534 台のホストを 1 つのネットワークセグメントで利用するのもやはり現実的ではありません．これを解決する方法の 1 つに後述のサブネット化があります．サブネット化は，未使用のアドレスをできるだけ少なくなるようにアドレス体系を再設計しています．

　クラス D，E のアドレスは特殊な用途に用いるアドレスと決められています．

●マルチキャストアドレスにはクラス D，研究用にクラス E

　クラス D のアドレスは，**マルチキャストアドレス**として利用されています．同じアドレスで複数のホストが宛先となるのがマルチキャストアドレスです．ブロードキャストアドレスと異なる点は，**ブロードキャストアドレスがセグメント全体を宛先の対象とする**のに対し，**マルチキャストアドレスは事前登録したホストのみがパケットを処理する**，という点です．

　クラス D アドレスの第 1 オクテットのビットパターンは 1110xxxx となり，10 進数で表記すると，224〜239 までとなります．パケットキャプチャソフト等で 224.0.0.2 等の IP アドレスがたまに表示されますが，それはマルチキャストアドレスを宛先アドレスとしたパケットを受信していることを意味します．

　残るクラス E のアドレスですが，研究用として予約されています．第 1 オクテットのビットパターンは 1111xxxx となり，10 進数表記では 240〜255 となります．

4.4 クラスレスなアドレス

- ・ネットワーク部とホスト部の境界が不定
- ・クラスフルアドレスがベースの考え方
- ・リソースの有効活用
- ・CIDR と VLSM
- ・サブネットマスクがますます重要に

●ネットワーク部とホスト部の境界が不定

前述のクラスフルアドレスを利用した場合の話をします．

1,000 台のホストを1つのネットワークセグメントで管理したいとき，クラス C ではすべてのホストを管理することはできません．ですから，より多くのホストを1セグメントで管理できるクラス B を使うことになります．

しかし，65,534 台のホストを管理できるのに，たった 1,000 台にしかアドレスを割り振るのはあまりにも効率が悪いことがわかります．IPアドレスのネットワーク部とホスト部の区切りが8ビット単位で変化するためにこのような問題が起きているのです．ホスト部で 1,000 台の区別がつけられれば，残りはネットワーク部で使うことができます．

ネットワークセグメントの数は増えますが，ホスト部で未使用のアドレス（他のネットワークセグメントで使えない無駄なアドレス）の数は減ります． ネットワーク部とホスト部の境界を必要に応じて変更する考え方に基づいて設定されたアドレスのことを，**クラスレスなアドレス**と呼んでいます．

●クラスフルアドレスがベースの考え方

IPアドレスはクラスフルアドレスが一番最初に考えられました．クラスレスアドレスは，クラスフルアドレスの非効率さを解消するために，後になって考えられました．

クラスレスアドレスの設計の仕方は，**クラスフルアドレスを元にそれからネットワーク部とホスト部の境界をどう変化させれば一番効率よく，つまり無駄なく IP アドレスをすべてのホストに割り振ることができるかを考えます．**

●リソースの有効活用

そもそも，クラスフルアドレスの考え方では IP アドレスの割り振り方が，

場合によってはとても非効率だということは前述のとおりです．ネットワーク部とホスト部の境界を任意に設定することで，できるだけ1つのネットワークセグメント内で未使用のIPアドレスをなくそうとするのが，クラスレスアドレスを設定する理由です．

●CIDRとVLSM

CIDR（Classless Inter-Domain Routing）とVLSM（Variable Length Subnet Mask）はIPアドレスのネットワーク部とホスト部の境界を任意に設定するための仕組みという点では同じといってよいでしょう．クラスレスアドレスの考え方においてどちらも重要な技術ですので，後ほど詳しく説明します．

●サブネットマスクがますます重要に

ネットワーク部とホスト部の境界を表すものとして，サブネットマスクが使われるのは，クラスレスアドレスでも同じです．つまり，サブネットマスクを2進数表記にした時にビットの値が**1である部分がネットワーク部，0である部分がホスト部**という決まりはそのままです．

クラスフルアドレスでは8ビット単位で必ずネットワーク部とホスト部の境界がありましたが，クラスレスアドレスの場合にはサブネットマスクの1と0の境界がどの位置であるかを必ず確認しなければなりません．

4.5 CIDR(Classless Inter-Domain Routing)

- クラスフルアドレスの固定された境界を任意に移動させる
- プレフィックス長
- 厳密には経路集約のための技術

●クラスフルアドレスの固定された境界を任意に移動させる

　CIDRは文字どおり，クラスフルアドレスでは固定されている境界を任意に動かすための技術です．CIDRの技術を利用したクラスレスアドレスの表現方法は特別に**CIDR表記**と呼ばれます．CIDR表記のサンプルを以下に示します．

$$172.16.6.0/24 \quad 192.168.1.48/28 \quad 等$$

　IPアドレスの後ろに／(スラッシュ)と数字が追加されています．この数字は**ネットワーク部のビット長**です．言い換えると，サブネットマスクで1のビットの個数ということになります．

　従来どおり，IPアドレスとサブネットマスクを併記することでもクラスレスアドレスを表現することはできます．しかし，CIDR表記を使うほうが簡潔にどこが境界であるかを表現できるため，CIDR表記を使うほうが一般的です．

●プレフィックス長

　CIDR表記の／の後ろの部分を**プレフィックス長**と呼んでいます．すなわち，ネットワーク部が何ビットなのかを表しているのがプレフィックス長なのです．

●厳密には経路集約のための技術

　クラスフルアドレスを元にクラスレスアドレスを設計することは前述のとおりですが，境界を左右に動かした時にどう変化するのか，まずは次の表を見てください．

境界を・・・	セグメントの個数は	セグメント内のホスト数は
左へずらす	減る	増える
右へずらす	増える	減る

　IPアドレスは32ビット固定長ですから，相反するネットワークセグメントの個数と，1つのネットワークセグメントで管理できるホスト数は反比例の関

4.5 CIDR (Classless Inter-Domain Routing)

係にあります．

CIDRの根本にあるのは，連続したネットワーク（たとえば，192.168.16.0〜192.168.19.0）を，見かけ上まとめて1つの大きなネットワークにする**集約**を実現することです．集約してできたネットワークのことを**スーパーネット**と呼びます．

> なぜ集約しなければならないのでしょうか？
> また，
> 集約したスーパーネットのアドレスをどの場面で使うのでしょうか？

ルータは宛先ネットワークへの経路情報をルーティングテーブルに保持しています．そしてルーティングテーブルはルータのメモリに保持されています．経路情報を1万件保持していたのが，集約すれば500件に減る場合，ルータのメモリへの負担は格段に減るのは明白です．

少し乱暴な例えかも知れませんが，東京から新幹線で名古屋，大阪，京都，神戸に行くとします．東京→名古屋，東京→大阪，東京→京都，東京→神戸とそれぞれ覚えるよりも東京→名古屋**方面**とすれば覚えるのは1つだけですみます．途中の中継地点（この場合は名古屋）までは同じ経路ですし，中継地点に辿り着けさえすれば目的地に着けるのならば，中継地点までの行き方だけを覚えておきましょう，ということと同じです．

4.6 VLSM（Variable Length Subnet Mask）

- ・ホスト部の余っているビットをネットワーク部へ
- ・クラスフルアドレスをベースに細分化
- ・サブネットマスクの境界を任意に移動させる

●ホスト部の余っているビットをネットワーク部へ

クラスフルアドレスでは管理するホストアドレスの数によって，未使用のIPアドレスが多量に余ってしまうことがあります．ホスト部のビットのうち余ったビットについてはネットワーク部に譲ってあげようという考え方が**VLSM**（Variable Length Subnet Mask：**可変長サブネットマスク**）なのです．

余ったビットをネットワーク部に譲る手順は次のようになります．

- ・192.168.1.0（クラスCアドレス）を使って14台のホストを管理
- ・14+2（ネットワークアドレスとブロードキャストアドレス）台を区別するのに必要なビットは4ビット
- ・クラスCアドレスはホスト部として8ビット用意されている
- ・8−4=4で4ビット余る
- ・余った4ビットをネットワーク部に譲ってあげる
- ・クラスCアドレスのネットワーク部24ビットに貰った4ビットを足して，28ビットでネットワーク部を表す

●クラスフルアドレスをベースに細分化

クラスレスアドレスを実現する技術の1つがVLSMです．前述のとおり，ホスト部の余りビットをネットワーク部に譲るのですが，その譲ったビットの部分は純粋なネットワーク部とはいえません．補助的なネットワーク部，ということで**サブネット部**と呼びます．

クラスフルアドレスを使用した時のネットワークセグメントをさらに細かく分け，小さなネットワークを作った時に使うアドレスがクラスレスアドレスです．

4.6 VLSM(Variable Length Subnet Mask)

	ネットワーク部			ホスト部
アドレス(10進)	192	168	1	0
マスク(10進)	255	255	255	0
アドレス(2進)	11000000	10101000	00000001	00000000
マスク(2進)	11111111	11111111	11111111	00000000

⬇

ホスト部を侵食して境界が右へ

	ネットワーク部			サブネット部	ホスト部
アドレス(10進)	192	168	1	16	
マスク(10進)	255	255	255	240	
アドレス(2進)	11000000	10101000	00000001	0001	0000
マスク(2進)	11111111	11111111	11111111	1111	0000

4ビットがサブネット部

●サブネットマスクの境界を任意に移動させる

　細分化したネットワークで管理するホストが60台の場合と，ピアツーピア接続の時のように2台だけ，という管理台数が異なったネットワークを同時に管理したいとします．両方のネットワークに60台を管理できるホスト部のビットを割り振ると，明らかに無駄が生じます．ですからピアツーピア接続にはネットワークアドレス，ブロードキャストアドレスも含めた4アドレス（**ホスト部2ビット：/30のネットワーク**）のみを割り振り，別のネットワークには60台分を割り振ることで，リソースの無駄を省きます．**必要なビット数だけを割り振る**のがVLSMの根本にある考え方です．

4.7 サブネットワーク

```
・ネットワーク部を細分化して補助的なネットワーク部を作る
・サブネット化する元のアドレスはクラスフルアドレスが一般的
・学校のクラスや企業の部署といった論理的な範囲ごとに1つのサブネット
```

●ネットワーク部を細分化して補助的なネットワーク部を作る

　ホスト部の余ったビットを利用して作る小さなネットワーク，これを**サブネットワーク**，あるいは**サブネット**と呼んでいます．デパートで買い物をするとき，建物全体としては〇×百貨店でも，1階は化粧品売り場，2階は婦人服売り場というように商品によって目的の階が異なります．サブネットもデパートのように大きな範囲から小さな範囲に絞りこむことで，企業内の部署や学校の教室といった小さめの範囲を限定することに役立っています．

●サブネット化する元のアドレスはクラスフルアドレスが一般的

　コンピュータ等を効率よく管理するために，ネットワークセグメントを細分化することを**サブネット化**と呼びます．すでにサブネット化されているネットワークを再度サブネット化する場合を例外とすると，一般的にはクラスフルアドレスを元として，それをサブネット化して細かく分割した上でアドレス設計をしていく，というのが王道です．

●学校のクラスや企業の部署といった論理的な範囲ごとに1つのサブネット

　サブネット化の際に一番最初に考えなければならないのは，サブネット化後のサブネット部とホスト部の境界がどこになるかを決めることです．境界を決めるアプローチ方法は2通りあります．

```
Ⅰ．必要なサブネット数からサブネット部に必要なビット数を決める
Ⅱ．管理するホストの台数でホスト部に必要なビット数を決める
```

　どちらのアプローチ方法であっても，最後にはサブネット部とホスト部の境界が決まります．比較的簡単に考えられるのはⅠ．の**必要なサブネット数からサブネット部に必要なビット**を求める方法です．余談ですがホスト部に対して

均等なビット数を割り当てた場合は特別に，**FLSM（Fixed Length Subnet Mask：固定長サブネットマスク）**と呼ばれます．2通りのアプローチ方法は後述することとして，クラスCアドレスをベースとした場合のサブネット部とホスト部の対応表を以下に示します．

クラスCアドレスにおけるサブネット部とホスト部のビット数の対応

サブネット部	ホスト部	ホスト数	備考
1ビット	7ビット	126台	条件付き
2ビット	6ビット	62台	
3ビット	5ビット	30台	
4ビット	4ビット	14台	
5ビット	3ビット	6台	
6ビット	2ビット	2台	
7ビット	1ビット	0台	割り当て不可

サブネット部が1ビットのみ時の「条件付き」ですが，以前は**サブネット部でもビットがオール0，オール1のものは使用できませんでした（RFC 950）**．最近ではその制限をなくす設定が主流になりつつあります．シスコ製のデバイスでは，

　　　Router(config)#ip subnet-zero

を有効にすることでこの制限を解除できます．

4.8 サブネット化

- ・必要なサブネットを先に求めるやり方
  　$2^n-2>$サブネット数　となる最小の n を求める
- ・1 サブネットに割り当てるホストアドレスを先に求めるやり方
  　$2^n-2>$ホストアドレス数　となる最小の n を求める
- ・サブネット部とホスト部の境界を上の手順の結果から決める
- ・元のネットワーク部＋n ビットがサブネット化後のネットワーク部
- ・ホストアドレスを求める時はドット付き 10 進数表記

　上のトピックス欄に書いてあるのは，サブネット化の手順になります．サンプルとしてクラス B アドレスをベースとしたサブネット化の流れを説明します．使うアドレスは，**172.16.0.0/16** とします．

　サブネット化をするにあたりまず最初に行うのは，サブネット部とホスト部の境界を決めることです．境界を決めるアプローチ方法は下記の 2 通りでした．

　Ⅰ．必要なサブネット数からサブネット部に必要なビット数を決める
　Ⅱ．管理するホストの台数でホスト部に必要なビット数を決める

Ⅰ．必要なサブネットを先に求めるやり方（100 個のサブネットが必要）
　$2^n-2 \geqq 100$ となる最小の n を求める　➡　$2^7-2=126$ から $n=7$
　※サブネット部に 7 ビット必要である

サブネット部に必要なビット数が 7 ビットと求められたので，次の手順としてサブネット化後のサブネット部とホスト部の境界を求めます．元のネットワーク部と求めたサブネット部がサブネットマスクで 1 の値をもつ部分になります．つまり，プレフィックス長は**ネットワーク部 16** と**サブネット部 7** との合計で**ある 23** がサブネット化後のプレフィックス長（サブネットマスクの 1 が続く長さ）となります．

4.8 サブネット化

II．1 サブネットに割り当てるホストアドレスを先に求めるやり方（500台）

$2^n - 2 \geqq 500$ となる最小の n を求める　➡　$2^9 - 2 = 510$ から $n = 9$

※ホスト部に必要なのは9ビットである

ホストを管理するのに必要なビット数が9ビットと求められたので，次の手順としてサブネット化後のサブネット部とホスト部の境界を求めます．IPアドレスは32ビット固定長ですから，**32からホスト部で使う9を引いた差**がネットワーク部とサブネット部となります．$32 - 9 = 23$ となり，23がサブネット化後のプレフィックス長，つまりサブネットマスクの1が続く長さとなります．境界を決めたこれ以降の手順は同じです．

●ホスト部から n ビットをサブネット用に貰う

2通りの方法からわかるとおり，サブネット化前のホスト部16ビットからサブネット部として7ビットを譲り受け，残りの9ビットでホスト部を表現します．サブネット化後のホスト部においてオール0のビットパターンはネットワークアドレス，またオール1のものはブロードキャストアドレスとして使用されるので，**ホスト部の値の範囲**としては **1～510** までとなります．

●元のネットワーク部＋n ビットがサブネット化後のネットワーク部

サブネット化とは，既存のネットワークを細分化することですから，ネットワーク部の値はサブネット化の前後で変わることはありません．サブネット部の値が変化することで，細分化したネットワークの1つ1つを区別します．サブネット部は7ビットですから，オール0，オール1のサブネットを除外すれば**サブネット部だけの値の範囲は 1～126** となります．ただし，気をつけなければいけないのは，サブネット部は今回の例ですと **17ビット目～23ビット目**となり，**10進数での値は 2～252** となることです．

●ホストアドレスを求める時はドット付き10進数表記

最後に個々のホストアドレスを求めますが，24ビット目はホスト部である点に気をつけてください．サブネット部の7ビットとホスト部の左端の1ビットを併せて初めて第3オクテットです．オクテットから10進数に変換します．

4.9 スーパーネット化

- ネットワーク部で共通な部分を見つける
- スーパーネットに対するサブネットマスクを求める

　スーパーネット化とは前述した**集約**のことです．ルーティングテーブルのサイズを減らすことができます．**集約を行う際の条件**としては，**連続したネットワークが存在している**ことです．集約はサブネット化後の細分化されたネットワークをサブネット化前のネットワークセグメントに戻す動作とほぼ同じです．ネットワークをまとめて見かけ上の大きなネットワークを作ることが集約となります．今回は下記のネットワークを集約してみます．

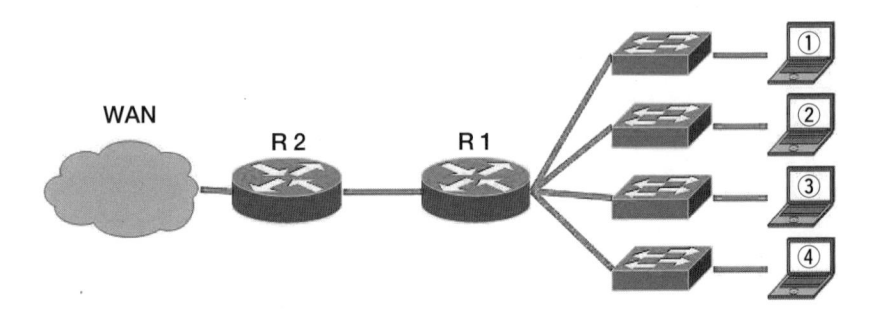

　R1のルータが接続されている①〜④のネットワークが集約の対象です．R2のルーティングテーブルには，下表の6つの経路情報が登録されています．この状態で①〜④の経路情報を集約して1つにします．

①のセグメント	192.168.16.0/24
②のセグメント	192.168.17.0/24
③のセグメント	192.168.18.0/24
④のセグメント	192.168.19.0/24
R1とR2の間	192.168.12.4/30
R2のWAN側	202.224.32.0/24

●ネットワーク部で共通な部分を見つける

　連続したネットワークのネットワークアドレスのネットワーク部（サブネット部も含みます）で同じ部分だけを抜き出したものが集約後のアドレスとなり，この集約後のアドレスのことを**サマリアドレス**と呼んでいます．①〜④までのアドレスは第3オクテットの途中まで同じです．第3オクテットを2進数に変換すると，以下のようになります．

10進数表記	2進数表記	
16	000100	00
17	000100	01
18	000100	10
19	000100	11

集約後の境界は左に2ビットずれる

　ネットワーク部の同じ部分を抜き出すと，192.168.16.0/22 が得られます．クラスCアドレスのデフォルトのプレフィックス長は24ですが，**集約するとそのプレフィックス長が小さくなる**ことに注意してください．

●スーパーネットに対するサブネットマスクを求める

　集約対象のアドレスにおいてビットパターンが同じ部分と異なる部分の境界がサマリアドレスのネットワーク部とホスト部の境界になります．元のプレフィックス長は24であり，そこから2ビット分左へずれたのですからサマリアドレスは，192.168.16.0/**22** となります．

　このサマリアドレスは**R2**のルーティングテーブルに①〜④の経路情報と交換で登録され，**R1**のルーティングテーブルには追加されます．R1に届いた①〜④宛のパケットは，**ロングストマッチの原則**（最長一致）に従い，R1から適切に①〜④のセグメントへ転送されます．

4.10 プライベートアドレスとグローバルアドレス

- ・WAN でも利用できるグローバルアドレス
- ・LAN 内でのみ利用が可能なプライベートアドレス

IP アドレスにはクラスフルアドレス，クラスレスアドレスという分類の他に，**プライベートアドレス**，**グローバルアドレス**という分類もあります．

●WAN でも利用できるグローバルアドレス

いわゆるインターネットの世界でデータ伝送に利用されるアドレスのことを，グローバルアドレスと呼んでいます．このグローバルアドレスは，世界中で唯一のアドレスであることが必要です．同じアドレスを 2 カ所以上で同時に使用すると，宛先がどちらなのかルータが迷ってしまい，その結果，正しく相手にパケットが届きません．そのため，グローバルアドレスが世界レベルで重複しないように，地域ごとの管理団体からグローバルアドレスを割り当てて貰っています．

管理団体に利用申請を出すことでグローバルアドレスを割り当てて貰うことは可能ですが，個人では ISP 等の通信事業者からグローバルアドレスを割り当てて貰うことが一般的です．グローバルアドレスの管理団体については下記の JPNIC のコンテンツを参照してください．

> IP アドレスの管理
> http://www.nic.ad.jp/ja/ip/admin.html

●LAN 内でのみ利用が可能なプライベートアドレス

LAN 限定という条件はありますが，自由に使用できるアドレスです．WAN へはプライベートアドレスをルーティングしてはいけないと決められています（RFC 1918）．

WAN にパケットが流れなければ，つまり閉じられた世界ならば LAN 上の各ホストにグローバルアドレスを設定し，それらを使用しても理論上は問題なくパケットの転送は行われます．しかし倫理上，あるいは運用上で問題がある

といえるでしょう．万が一，LANで使用しているグローバルアドレスの経路情報がWANへ流出した場合，これはインターネットの世界に混乱を招くかも知れません．明示的にLANで使用しているアドレスだとわかるように，LAN環境内のホストにはプライベートアドレスを設定するべきです．

プライベートアドレスはクラスA〜Cまでそれぞれ規定されています．

クラス	クラスA	クラスB	クラスC
最小値	10.0.0.0	172.16.0.0	192.168.0.0
最大値	10.255.255.255	172.31.255.255	192.168.255.255
ネットワークの個数	1個	16個	256個
1ネットワーク内のホスト数	約1670万	65,534	254
総計	約1670万	1,048,544	65,024

　LAN上のホストには，プライベートアドレスをベースにサブネット化したネットワークセグメントに配置するように設計するとWANへの影響もなく，かつ論理的にホストを管理することができます．○×部の△□さんは，○×部のサブネットである172.16.6.0/24の101番（172.16.6.101/24）を割り振ろう，ということができるのです．

> プライベートアドレスを設定したコンピュータでブラウジングをするためには，どうすればよいのでしょうか？　　　　　　　⇨次へ

4.11 NAT と NAPT（IP マスカレード）

・ローカルアドレスとグローバルアドレスを 1 対 1 で変換⇨NAT
・ローカルアドレスとグローバルアドレスを n 対 1 で変換⇨NAPT

> プライベートアドレスを設定したコンピュータでブラウジングをするためには，どうすればよいのでしょうか？

前ページで，このような質問をしました．その答えがこのページの内容です．LAN のみで使用可能である**プライベートアドレス（ローカルアドレス）**から，WAN でも使用可能な**グローバルアドレスへ変換**をした上で**インターネットの世界へパケットを転送**すれば，LAN でプライベートアドレスを使用しても，問題なくブラウジングできます．

●プライベートアドレスとグローバルアドレスを 1 対 1 で変換⇨NAT

LAN と WAN は当たり前ですが，異なるネットワークです．2 つ以上の異なるネットワークをつなぐ機器といえばルータです．ルータの追加機能として，**NAT（Network Address Translation）**と呼ばれる**アドレス変換機能**が組み込まれています．原理としては送信元アドレスをローカルアドレスから JPNIC 等の管理団体から割り当てられたグローバルアドレスに変換して，宛先まで転送します．応答パケットを受信した時に，グローバルアドレスから元のローカルアドレスに逆変換して最初の送信元に転送します．ローカルアドレスとグローバルアドレスの対応表を NAT テーブルと呼んでいます．

　NAT の制限は，割り当てられた**グローバルアドレスの個数でしか，同時に外部へパケットを転送できない**点です．5 台同時に外部へ接続する必要があるならば，5 つのグローバルアドレスが必要になります．

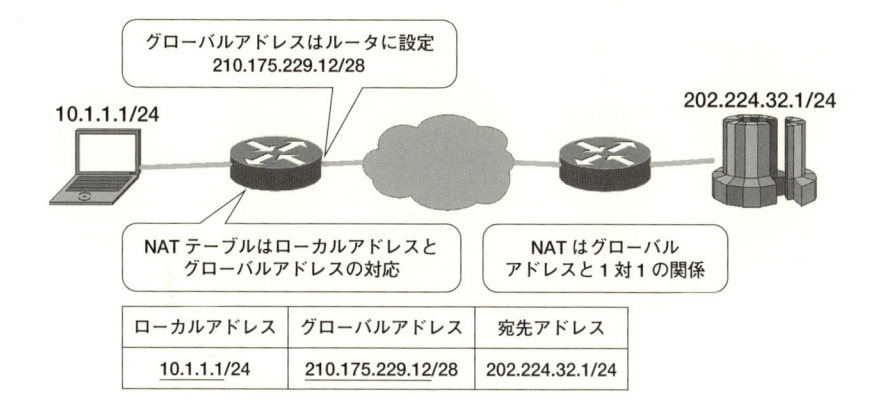

4.11 NATとNAPT（IPマスカレード）

（グローバルアドレスはルータに設定 210.175.229.12/28）

10.1.1.1/24 — 202.224.32.1/24

NATテーブルはローカルアドレスとグローバルアドレスの対応

NATはグローバルアドレスと1対1の関係

ローカルアドレス	グローバルアドレス	宛先アドレス
10.1.1.1/24	210.175.229.12/28	202.224.32.1/24

● ローカルアドレスとグローバルアドレスを n 対 1 で変換⇨NAPT

　NATの欠点は，割り当てられたグローバルアドレスの個数でしか同時に外部へ接続できないことです．この欠点を解消したのが，**NAPT**（**Network Address Port Translation**）です．ルータの製造メーカによりIPマスカレード，PAT等と呼ばれていますが，NAPTの名称はRFCで明記されたものです．

　NATではローカルアドレスとグローバルアドレスの対応をIPアドレスで行っていましたが，NAPTはローカルアドレスに加えポート番号も識別条件に加えてあるので，**1つのグローバルアドレスで多数のローカルアドレスを識別**できます．

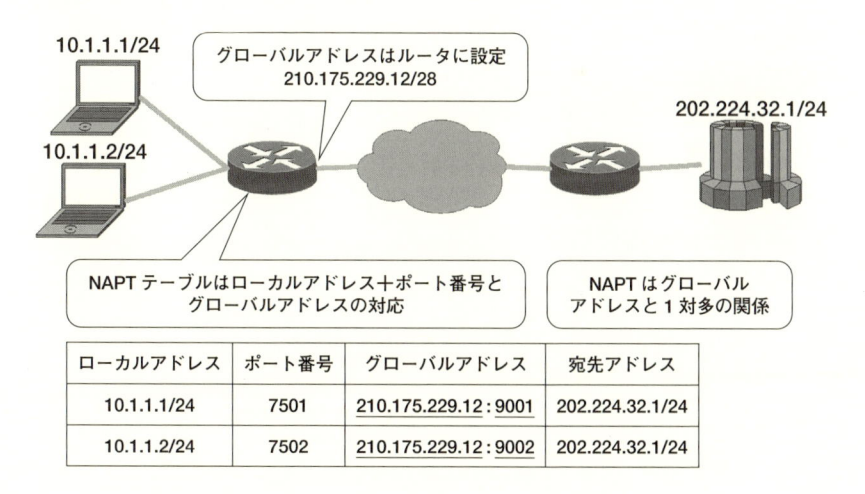

10.1.1.1/24
10.1.1.2/24

（グローバルアドレスはルータに設定 210.175.229.12/28）

202.224.32.1/24

NAPTテーブルはローカルアドレス＋ポート番号とグローバルアドレスの対応

NAPTはグローバルアドレスと1対多の関係

ローカルアドレス	ポート番号	グローバルアドレス	宛先アドレス
10.1.1.1/24	7501	210.175.229.12：9001	202.224.32.1/24
10.1.1.2/24	7502	210.175.229.12：9002	202.224.32.1/24

4.12 IPv6アドレス①

- ・128ビットの固定長
- ・プレフィックス
- ・インタフェース ID
- ・EUI-64

　IPv4アドレスは，数年のうち（2010年？2011年？）に管理団体（レジストラ）からの割り当てが止まります．IPアドレス枯渇の問題のためです．NAPT等の技術を使っても限界があります．そのため，IPv4の32ビットから**128ビット**に拡張した**IPv6アドレス**がこれから普及していきます．

●128ビットの固定長

　前述のとおり，IPv6アドレスは**128ビットの固定長**です．$2^{128} ≒ 3.4 \times 10^{38}$ と表せるその数は，人口が100億人になっても1人当たり 3.4×10^{28} 個のアドレスが利用できます．IPv6アドレスを表記する方法ですが，IPv4アドレスのように，ドット付き10進数表記だと非常に長い表記となり，わかりにくくなってしまいます．そこで，IPv6アドレスでは**16ビットを1つのパーツ**として16進数で表し，その**パーツを：（コロン）で区切る**表記方法を使います．つまり16進数4文字ごとにコロンで区切った形でIPv6アドレスは表現されます．この表記方法であってもまだ長いので，次の省略ルールがあります．

1. 各パーツの先頭の0は省略してよい
2. 0000は0で表現してよい
3. 連続する0000のパーツは1回に限り：：（ダブルコロン）で表現してよい

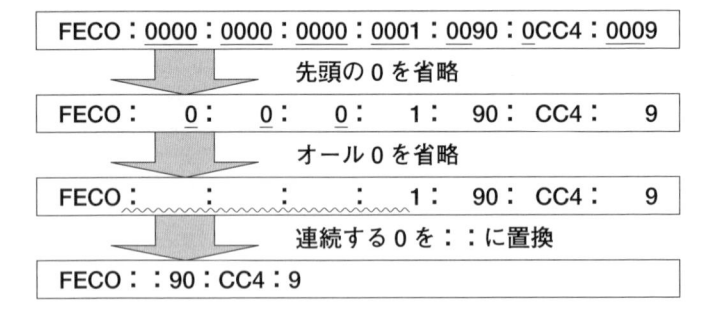

```
FEC0：0000：0000：0000：0001：0090：0CC4：0009
                    ↓ 先頭の0を省略
FEC0：   0：   0：   0：   1：  90： CC4：   9
                    ↓ オール0を省略
FEC0：    ：    ：    ：   1：  90： CC4：   9
                    ↓ 連続する0を：：に置換
FEC0：：90：CC4：9
```

● プレフィックス

IPv6 アドレスの 128 ビットのうち，前半部分の最大 64 ビットの部分を**プレフィックス**と呼んでいます．**IPv4 のネットワーク部**に相当するのが，プレフィックスです．**先頭の 16 ビットでどのタイプ**のアドレスかを表しているため，アドレスを見ただけでどのタイプの IPv6 アドレスであるか，つまりどのようなネットワークに属しているのか，ということがわかります．

● インタフェース ID

IPv4 アドレスにおけるホスト部にあたります．1 つのネットワークセグメント内で **PC やルータを特定**するために使用します．IPv6 アドレス 128 ビットのうち，**後半部分の 64 ビットすべてがインタフェース ID** となります．手動で設定することも可能ですが，MAC アドレスを元に自動設定する EUI-64 という方式でインタフェース ID を設定するのが一般的です．

● EUI-64

MAC アドレスを元にインタフェース ID を自動設定する方式です．MAC アドレスを定義している EUI-48 をベースとしています．**Universal/Local ビット（U/L ビット）**ですが，EUI-48 と EUI-64 では値による意味が正反対になっているため，MAC アドレスから EUI-64 を利用してインタフェース ID を設定する時には U/L ビットの反転が必要になります．作成手順は次のとおりです．

1. MAC アドレスを **24 ビットずつに分割**し，間に **0xFFFE を挿入**
2. 先頭から **7 ビット目（Universal/Local ビット）**を**反転**させる

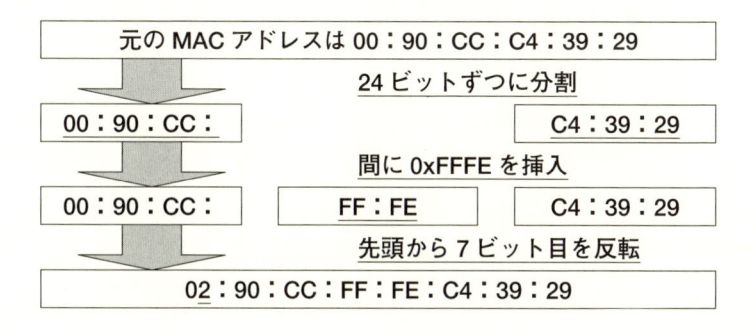

元の MAC アドレスは 00：90：CC：C4：39：29

24 ビットずつに分割

00：90：CC：　　　　　　　　　　C4：39：29

間に 0xFFFE を挿入

00：90：CC：　　FF：FE　　C4：39：29

先頭から 7 ビット目を反転

02：90：CC：FF：FE：C4：39：29

4.13 IPv6 アドレス②

- ・リンクローカルユニキャストアドレス
- ・グローバルユニキャストアドレス
- ・マルチキャストアドレス
- ・エニーキャストアドレス
- ・ブロードキャストアドレスという分類はない

●リンクローカルユニキャストアドレス

IPv4 アドレスのプライベートアドレスにあたります．IPv6 では 1 つのインタフェース（以降，I/F）に複数のアドレスを設定することが可能ですが，必ずリンクローカルアドレスは設定されることになっています．1 つのネットワークセグメント内でのみ使用できることから，IPv4 でのプライベートアドレスにあたります．リンクローカルアドレスのプレフィックスは **FE 80::/10** と表せます．また，先頭の 10 ビット（0xFE80）を除いた残りの 54 ビットはすべて 0 で埋められます．

●グローバルユニキャストアドレス

IPv4 アドレスのグローバルアドレスにあたります．JPNIC 等の**レジストラ**から割り当てられるこのアドレスが，**外部との通信に使用できる**アドレスです．**階層的に割り当てが行われ**，それに同調して細分化されたアドレスが割り当てられることから，**効率よく集約できます**．

グローバルユニキャストアドレスはビットパターンが **001** で始まるものです．プレフィックスの範囲は **2000::/3** から **E000::/3** となります．

また，これらの範囲の中でも下記のものは特殊な用途として予約されています．

2001::/16　　　　　　―IPv6 インターネット（ISP 等に割り当てられる）
2002::/16　　　　　　―6to4 移行メカニズム（v6 を v4 でカプセル化）
2003::/16～3 FFD::/16　―未割り当て
3 FFE::/16　　　　　　―6 bone（IPv 6 の技術研究用ネットワーク）

集約可能なグローバルユニキャストアドレスのフォーマットは以下のとおりです．

3	13ビット	8ビット	24ビット	16ビット	64ビット
FP	TLA ID	予約	NLA ID	SLA ID	インタフェースID

・FP（Format Prefix）：IPv6アドレスの使い道を指定
・TLA ID（Top Level Aggregator ID）：最高層のルーティングレベル
・予約：将来の拡張に備えて予約
・NLA ID（Next Level Aggregator ID）：ルーティングの第2レベル
　　　　　　　　　　　　　　　　　　2次，3次ISPや組織へのアドレス割り当て
・SLA ID（Site Level Aggregator ID）：それぞれの組織が管理しサブネットに割り当て
・インタフェースID：サブネット内のインタフェースを識別

> SLAレベルを集約したのがNLAであり，NLAを集約したのがTLAであるといえます

●マルチキャストアドレス
　IPv4のマルチキャストアドレスと同じです．同じアドレスを複数のI/Fに設定することで，設定したすべてのI/Fがマルチキャストアドレス宛パケットを処理します．マルチキャストアドレスのプレフィックスは **FF00::/8** です．

●エニーキャストアドレス
　IPv6より新たに定義されたアドレスの種類です．同じ値のIPv6アドレスを複数のI/Fに設定できます．送信元に一番近いI/Fが受信するルールとなっています．

●ブロードキャストアドレスという分類はない
　ブロードキャストアドレスはIPv6にはありません．同じ機能（同報通信）はマルチキャストアドレスを使用することで実現しています．

演習問題

問1 IPアドレスが 192.168.10.0/24～192.168.58.0/24 のネットワークを対象に経路を集約するとき，集約した経路のネットワークアドレスのビット数が最も多くなるものはどれか。　　　　　　　　　　　　　　　　　　　　　　〔2005 秋 ネット〕

　ア　192.168.0.0/16　　　　　　イ　192.168.0.0/17
　ウ　192.168.0.0/18　　　　　　エ　192.168.0.0/19

問2 ネットワークに接続されているホストのIPアドレスが 212.62.31.90 で，サブネットマスクが 255.255.255.224 のとき，ホストアドレスはどれか。　〔2005 秋 ネット〕

　ア　10　　　　イ　26　　　　ウ　90　　　　エ　212

問3 クラスCのネットワークを，50ノードずつ収納できる4つのサブネットに分割するためのサブネットマスクはどれか。　　　　　　　　　　　　　〔2006 秋 ネット〕

　ア　255.255.255.0　　　　　　イ　255.255.255.64
　ウ　255.255.255.128　　　　　エ　255.255.255.192

問4 10.8.64.0/20，10.8.80.0/20，10.8.96.0/20，10.8.112.0/20 の4つのサブネットを使用する拠点を，ほかの拠点と接続する。経路制御に使用できる集約したネットワークアドレスのうち，最も集約範囲が狭いものはどれか。　　　　　　〔2006 秋 ネット〕

　ア　10.8.0.0/16　　　　　　　イ　10.8.0.0/17
　ウ　10.8.64.0/18　　　　　　エ　10.8.64.0/19

問5 次のIPアドレスのうち，マルチキャストに用いられるものはどれか。

　　　　　　　　　　　　　　　　　　　　　　　　　　　　　〔2006 秋 ネット〕

　ア　10.0.127.255　　　　　　イ　127.0.1.255
　ウ　192.168.255.255　　　　エ　255.0.1.84

問6 可変長サブネットマスクを利用できるルータを用いた図のネットワークにおいて，すべてのセグメント間で通信可能としたい。セグメントAに割り当てるサブネットワークアドレスとして，適切なものはどれか。ここで，図中の各セグメントの数値は，上段がネットワークアドレス，下段がサブネットマスクを表す。　〔2007 秋 ネット〕

```
                セグメントA
                    │
                    │              セグメントC
                    ├── ルータ ──────────── ルータ ── セグメントD
                    │              172.16.1.224              172.16.1.64
                セグメントB         255.255.255.252          255.255.255.192
                172.16.1.32
                255.255.255.224
```

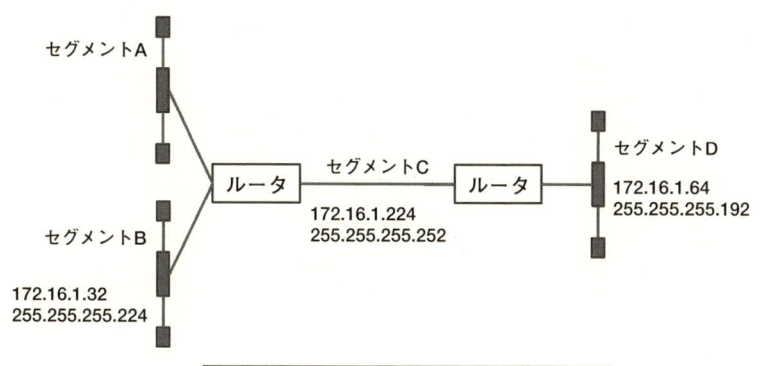

	ネットワークアドレス	サブネットマスク
ア	172.16.1.0	255.255.255.128
イ	172.16.1.128	255.255.255.128
ウ	172.16.1.128	255.255.255.192
エ	172.16.1.192	255.255.255.192

問7 ネットワークアドレス 192.168.10.192/28 のサブネットにおけるブロードキャストアドレスはどれか． 〔2007 秋 ネット〕

　ア　192.168.10.199　　　　イ　192.168.10.207
　ウ　192.168.10.223　　　　エ　192.168.10.255

問8 クラスフルアドレスを使う場合，クラス B のホストアドレスに利用できるホスト部のビット数はいくつか． 〔オリジナル〕

　ア　10　　　　イ　16　　　　ウ　20　　　　エ　24

問9 クラス B のアドレスをサブネット化する．サブネットマスクを 255.255.255.0 としたとき，作成できるサブネットの数はいくつか．ただし，ビットパターンがオール 0，オール 1 のものは除外すること． 〔オリジナル〕

　ア　128　　　　イ　192　　　　ウ　252　　　　エ　254

問10 IPアドレスが172.32.65.13で，サブネットマスクはデフォルト値を使用するとき，このIPアドレスが所属するネットワークのネットワークアドレスはどれか．

〔オリジナル〕

ア　172.32.0.0　　　　　　　イ　172.32.64.0
ウ　172.32.65.0　　　　　　　エ　172.32.65.8

問11 クラスCのグローバルアドレスをもつ企業が5つのサブネットを作成する必要にせまられた．各々のサブネットでは20台分のホストアドレスを確保する必要があるとき，適切なサブネットマスクはどれか．　　　　　　　〔オリジナル〕

ア　255.255.255.0　　　　　　イ　255.255.255.192
ウ　255.255.255.224　　　　　エ　255.255.255.240

問12 サブネット化したアドレスについて正しいものを2つ選べ．　〔オリジナル〕
　ア　ネットワークアドレスのホスト部のビットは，すべて0である
　イ　ネットワークアドレスのホスト部のビットは，すべて1である
　ウ　ネットワークアドレスのホスト部のビットは，サブネットマスクの第4オクテットと等しい
　エ　ブロードキャストアドレスのホスト部のビットは，すべて0である
　オ　ブロードキャストアドレスのホスト部のビットは，すべて1である
　カ　ブロードキャストアドレスのホスト部のビットは，サブネットマスクの第4オクテットと等しい

問13 192.168.4.0/24のアドレスをFLSMでサブネット化し，192.168.4.0/28とした．各サブネットで管理できるホストの台数はいくつか．　　　　　〔オリジナル〕

ア　2　　　　イ　6　　　　ウ　14　　　　エ　30

問14 サブネットマスクとして255.255.255.224を利用しているクラスCアドレスにおいて，最大で利用できるサブネットの個数はいくつか．オール0，オール1のサブネットは使用しないこととする．　　　　　　　　　　　〔オリジナル〕

ア　2　　　　イ　6　　　　ウ　14　　　　エ　30

問15　202.224.32.54/27というホストアドレスが設定されている場合，ネットワークアドレスとブロードキャストアドレスをそれぞれ選べ．　　　　　　　　　　〔オリジナル〕
　　ア　202.224.32.0　　　　　　　　イ　202.224.32.32
　　ウ　202.224.32.63　　　　　　　　エ　202.224.32.127

問16　IPv6アドレスにおいて集約可能なグローバルユニキャストアドレスを表すプレフィックスはどれか．　　　　　　　　　　　　　　　　　　　　　　　〔オリジナル〕
　　ア　2000::/3　　　　　　　　　　イ　FE 80::/10
　　ウ　3FFE::/16　　　　　　　　　　エ　FF 00::/8

コラム

パケットキャプチャリングツール

　ネットワークの世界では通信障害の原因を特定するため，**パケットキャプチャリングツール**を使う場合があります．

　パケットキャプチャは，**平常時と異常発生時でのキャプチャ結果の比較**をします．

1. 平常時に一定時間パケットを採取する
   普段はどの位のパケットがネットワークに流れていて，プロトコルごとにパケットがどの位の割合を占めているのかを計測
2. 異常発生時にパケットを採取（キャプチャ）する
3. 平常時のデータと異常時のキャプチャ結果を比較する
   普段よりも多くの割合を占めているプロトコルが原因と推察できる

　パケットキャプチャリングツールは非常に強力なツールですので，**パスワードを採取することも可能**です．使いこなせればとても有効なツールとなりますが，**倫理的，法的に問題がないこと**を確認した上で使用する必要があります．

　パケットキャプチャには市販品もありますが，フリーウェアとして公開されているものを紹介します．

Wireshark: Go deep.
http://www.wireshark.org/

5. ルーティング

この章では，ルーティングプロトコルを中心に学びます．

5.1 静的ルーティング（スタティックルーティング）

・人間が手動で経路を設定する固定的な方式
・ネットワーク機器の CPU やメモリ等のリソース消費が少ない
・トポロジの変化には自動対応できない
・バックアップルートとしても使える
・静的ルーティングの設定方法

●人間が手動で経路を設定する固定的な方式

　静的ルーティングとは，**人間が手動で経路を設定する**，固定的な方式です．ルータに余計なリソースを使わせることがないので，その分ルータはパケット転送に専念できます．そして，人間が経路を設定することで，**意図したとおりにパケットを転送させる**ことができます．ボトルネックになっているルータを回避するようにしたり，逆に高性能なルータを必ず経由させる，といった設定ができるのが静的ルーティングです．

●ネットワーク機器の CPU やメモリ等のリソース消費が少ない

　上でも書きましたが，次節で説明する動的ルーティングに比べ，ルータの CPU やメモリといった**リソースの使用量は静的ルーティングのほうが少なく**てすみます．これは，人間が経路を設定することで，ルータ自身が経路情報を学習する必要がないためです．

●トポロジの変化には自動対応できない

　人間が手動で設定するので，経路は固定されます．そのため，経路の一部が切断される，トポロジに変更を加えた，等の事象についてはその都度，人間が新しい経路情報を再設定しなければなりません．

●バックアップルートとしても使える

　経路情報を設定する時に Administrative Distance（経路情報の信頼度）を一緒に設定してあげると，同じ宛先に対して通常時は動的ルーティングで学習できた高速な経路を使い，異常時には低速だが確実に通信できる経路を使う，等の設定もできます．デフォルトでは直接接続に次いで優先される静的ルーティングの Administrative Distance をあえて高くすることで，動的ルーティングで学習した経路情報を優先して使用させることができるようになります．

●静的ルーティングの設定方法

設定方法はシスコ製のルータで説明します．

ルータのグローバルコンフィグモードで設定します．

```
R1(config)#ip route 192.168.2.0 255.255.255.0 fastEthernet0
R1(config)#ip route 192.168.2.0 255.255.255.0 192.168.0.2
R1(config)#ip route 192.168.2.0 255.255.255.0 fastEthernet0  230
```
　　　　　　　　　宛先ネットワークとマスク　　送出 I/F 等　　AD 値

ip route の後ろには宛先のネットワークアドレスとサブネットマスクを記述します．その次に記述するのは，自身のルータが転送に使うインタフェース名，または，ネイバー（隣のルータ）の IP アドレス（ネクストホップアドレスと呼ぶ）です．

Administrative Distance を修正したい場合は，一番最後に値を記述します．

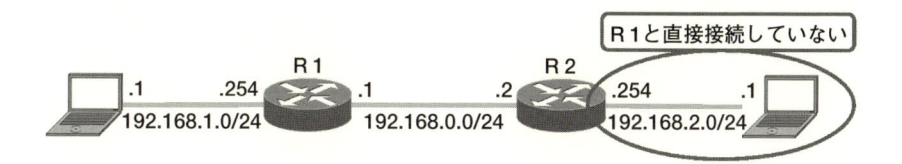

（図：R1 と R2 を介した 192.168.1.0/24, 192.168.0.0/24, 192.168.2.0/24 のネットワーク構成．192.168.2.0/24 は「R1 と直接接続していない」）

上の図のように，R1 で静的ルートを設定すべきネットワークセグメントは，直接接続ではない，192.168.2.0/24 のネットワークです．静的ルーティングの設定は，**設定するルータ自身が知らない（直接接続をしていない）ネットワーク**宛のパケットを隣のどのルータに転送するのか，を記述します．

94　5. ルーティング

5.2　動的ルーティング（ダイナミックルーティング）

> ・ルータの学習によって，動的に経路を決定する方式
> ・ルータが経路を学習するために CPU やメモリのリソースを消費する
> ・トポロジの変更（経路断等）に伴い，経路も自動的に変更できる
> ・ルーティングプロトコル
> ・ルーテッドプロトコル（ルーティング対象プロトコル）

●ルータの学習によって，動的に経路を決定する方式

　静的ルーティングと決定的に異なる点です．動的ルーティングでは，**ルータ自身がトポロジを学習し，ルーティングプロトコル**に従って**最適な経路を決定**します．一度設定してしまえば，後はルータに全部任せられるのが動的ルーティングです．最適経路と判断するための条件にはいくつかの種類があります．どの条件を使用するかについては，5.3 節以降を参照してください．

●ルータが経路を学習するために CPU やメモリのリソースを消費する

　あくまでも静的ルーティングと比較をしての話ですが，動的ルーティングはパケット転送とは別に，ルーティングプロトコルを使う分だけ余計に CPU やメモリのリソースを消費してしまいます．1 台のルータがもつ経路情報はできるだけ少なくしたほうがルータへの負荷は減っていきます．

●トポロジの変更（経路断等）に伴い，経路も自動的に変更できる

　動的ルーティングを使うと，ルータ自身がトポロジの構成を把握します．これは常時行われることです．運用中にルータ間で発生した通信障害によるトポロジの変更にも，動的ルーティングでは自動的に最適な経路に変更します．

●ルーティングプロトコル

　ルーティングプロトコルとは，ルータ同士が話し合うために使う言葉のようなものです．人間が日本語や英語で会話をするように，ルータ同士もルーティングプロトコルを使って話し合っています．その内容は**ルータが直接接続しているネットワークセグメント**について，ネットワークアドレスおよび，サブネットマスクを教え合っています．**静的ルーティングは，不明な宛先への転送方法について**設定しますが，逆に**動的ルーティングは直接接続しているネットワーク**について設定します．これを **Advertise**（アドバタイズ：広告する）する

といいます．**経路情報はルーティングテーブルに記録**されます．
●**ルーテッドプロトコル（ルーティング対象プロトコル）**
　ルーテッドプロトコルとは，「データ」そのものを定義したプロトコルです．ルーティングプロトコルによって選択された経路をルーテッドプロトコルに定義された「データ」が通ります．ルーテッドプロトコルの代表例としては，IP や IPX があります．

　Administrative Distance（AD）の一覧は以下のとおりです．AD が取り得る値の範囲は 0～255 であり，同じ宛先に対して複数のルーティングプロトコルで学習した経路については**値の小さいものほど**，**最適な経路**として選択されます．

プロトコル	AD 値	プロトコル	AD 値
直接接続	0	OSPF	110
静的ルート	1	IS-IS	115
EIGRP サマリ	5	RIP	120
外部 BGP	20	EIGRP 外部	170
EIGRP 内部	90	内部 BGP	200
IGRP	100	不明	255

5.3 ルーティングプロトコルの分類

・ディスタンスベクタ型
・リンクステート型
・ハイブリッド型
・パスベクタ型
・AS と IGPs, EGPs

ルーティングプロトコルは，大きく4つの種類に分類できます．ディスタンスベクタ型，リンクステート型，ハイブリッド型，パスベクタ型です．それぞれの特徴を以下に示します．

●ディスタンスベクタ型

ディスタンスベクタ型は，**経由するルータの数が一番少ない経路を最適経路とする方式**です．方法はルーティングテーブル内の情報をすべて隣のルータにアドバタイズします．この動作は数十秒単位で**定期的**に行われます．

ルーティングテーブルを受信した隣のルータは，宛先への**メトリック**（最適経路への距離）に＋1します．自身のルーティングテーブルにすでに登録されている宛先に対して，ルーティングアップデートで新たな経路を受信した場合，メトリックが受信したもののほうが大きければアップデートの情報は破棄されます．逆にアップデートで受信したほうが小さい場合，そちらが最適経路としてルーティングテーブルに登録されます．同じ場合には最適経路が複数あると判断され，1つの宛先に複数の最適経路が登録されます．

メリットは**仕組みが簡単でルータへの負荷が少ない**ということです．逆にデメリットとしては**コンバージェンス**（収束：**トポロジ全体の正しい最適経路の学習**）の時間がかかるということです．

●リンクステート型

リンクステート型の特徴は，**コンバージェンスが速い**ということです．メトリックの計算には**コスト**と呼んでいる，宛先への帯域幅を元にした値を使っていて，**帯域幅の大きな経路を最適経路として選択します**．各ルータがトポロジデータベースというデータベースをもっています．コンバージェンスにはルーティングテーブル全体を送るのではなく，**OSPF**（Open Shortest Path First）

の場合ではLSA（Link State Advertisement）と呼ばれるマルチキャストパケットでトポロジの構成を把握します．LSAは定期的に送受信もされますが，**トポロジの変更時に変更箇所だけのLSAがやり取り**されます．ルーティングテーブルは，トポロジデータベースを元に作成されますが，その時に使用される**SPF**（Shortest Path First）アルゴリズムは構造が複雑なため，ルータのリソースを多量に使ってしまいます．

●ハイブリッド型

ハイブリッド型は，**ディスタンスベクタ型**の構造が簡単である点と，**コンバージェンスが速いリンクステート型**の長所を組み合わせた方式です．ディスタンスベクタ型のコンバージェンスが遅いという欠点を補った方式といえます．

●パスベクタ型

パスベクタ型は経路情報にどの**AS**を経由してきたかという属性を付加してアドバタイズするのが特徴です．ディスタンスベクタ型が宛先に対してどれだけの距離があるのかだけを学習するのに対し，パスベクタ型は宛先に対してどのようなASを通るのか，という**宛先への経由方法も把握**します．

●ASとIGPs，EGPs

ISPや企業のLAN等，1つのポリシーで管理されるネットワークを**AS**（**Autonomous System：自律システム**）と呼びます．ASの内部で利用できるルーティングプロトコルが**IGPs**，AS間のルーティングプロトコルを**EGPs**と呼び，IGPsにはRIP，IGRP，EIGRP，OSPF，IS-ISが，EGPsにはEGP，BGPがあります．

5.4 RIP(Routing Information Protocol)

> ・ディスタンスベクタ型ルーティングプロトコル
> ・ホップ数をメトリックの計算に使用する
> ・最大ホップ数は 15
> ・ルーティングテーブルのすべてを隣接ルータへ渡す
> ・ルーティングアップデートは 30 秒間隔
> ・ブロードキャストかマルチキャストでアップデートを送信
> ・RIP の設定方法

　ルーティングプロトコルの基本中の基本である RIP から見ていきましょう．特徴としては上記トピックスのとおりです．

●ディスタンスベクタ型ルーティングプロトコル

　RIP はディスタンスベクタ型のルーティングプロトコルです．前述のとおり，プロトコルとしての仕組みは単純です．

●ホップ数をメトリックの計算に使用する

●最大ホップ数は 15

　メトリック（最適経路の判断基準）に利用するのはホップ数です．ホップ数は**通過したルータの個数**の値です．ルータを経由するほどホップ数の値は増え，送信元から「遠い」と判断されます．RIP では**最大ホップ数を 15** と決めています．RIP ではホップ数の少ない経路が最適経路として選択されます．つまり，100 Mbps で接続しホップ数が 2 の経路より，64 kbps で接続したホップ数 1 の経路のほうが最適な経路と判断されるのです．

●ルーティングテーブルのすべてを隣接ルータへ渡す

●ルーティングアップデートは 30 秒間隔

　RIP のルーティングアップデートは，ルーティングテーブルに登録されている**経路情報すべてを**隣のルータへ送ります．ルーティングアップデートは，定期的に **30 秒間隔**で行われます．受信したアップデートから**新しい宛先への情報**と，既存のものより小さいメトリックをもつ経路情報については，ルーティングテーブルに経路情報を追加します．

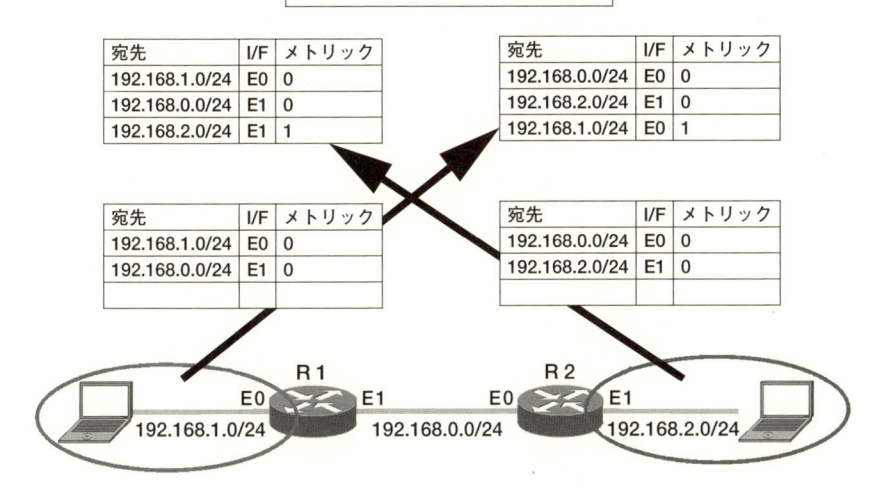

5.4 RIP（Routing Information Protocol）

アップデートを受信しテーブルに追加

宛先	I/F	メトリック
192.168.1.0/24	E0	0
192.168.0.0/24	E1	0
192.168.2.0/24	E1	1

宛先	I/F	メトリック
192.168.0.0/24	E0	0
192.168.2.0/24	E1	0
192.168.1.0/24	E0	1

宛先	I/F	メトリック
192.168.1.0/24	E0	0
192.168.0.0/24	E1	0

宛先	I/F	メトリック
192.168.0.0/24	E0	0
192.168.2.0/24	E1	0

R1 E0 — E1　　R2 E0 — E1
192.168.1.0/24　　192.168.0.0/24　　192.168.2.0/24

● ブロードキャストかマルチキャストでアップデートを送信

RIP のバージョンにより，以下の違いがあります．

バージョン	アップデート	VLSM（可変長サブネット）
バージョン 1（RIPv1）	ブロードキャスト	サポートしない
バージョン 2（RIPv2）	マルチキャスト	サポートする

● RIP の設定方法

ルータのグローバルコンフィグモードから設定します．

R1(config)# router rip　　　　　　・・・RIP を使用
R1(config-router)# network 192.168.0.0　・・・アドバタイズする network
R1(config-router)# network 192.168.1.0　・・・アドバタイズする network

※アドバタイズするネットワークは，直接接続しているネットワークです．

5.5 IGRP(Interior Gateway Routing Protocol)

- ・ディスタンスベクタ型ルーティングプロトコル
- ・シスコ独自のルーティングプロトコル
- ・帯域幅，遅延，信頼性，負荷，MTU でメトリックを計算する
- ・デフォルトでは帯域幅と遅延のみでメトリックの計算
- ・AS を管理単位としている
- ・デフォルトのホップ数は 100 であるが 255 まで拡張可能
- ・IGRP の設定方法

●ディスタンスベクタ型ルーティングプロトコル
●シスコ独自のルーティングプロトコル

　IGRP は RIP と同様，ディスタンスベクタ型のルーティングプロトコルです．IGRP の特徴としては RIP をベースとしてシスコ（シスコシステムズ社）が独自に策定したルーティングプロトコルです．**シスコ独自のルーティングプロトコル**ですので，IGRP を使用するためにはシスコ製の装置でないと IGRP は動作しません．

　最近の IOS（12.2(13)以降）には IGRP 自体が削除されるなど，すでに古い技術といえます．

●**帯域幅，遅延，信頼性，負荷，MTU でメトリックを計算する**
●**デフォルトでは帯域幅と遅延のみでメトリックの計算**

　RIP ではホップ数をメトリックとして使いましたが，IGRP では 5 つの要素からメトリックを生成します．その要素が，**帯域幅，遅延，信頼性，負荷，MTU**です．複数の要素から作られたメトリックを**複合メトリック**と呼んでいます．**デフォルトでは帯域幅と遅延のみをメトリックの生成に使います．**

●**AS を管理単位としている**

　IGRP では，AS を意識します．これはアップデートを受け取る範囲として，同じ AS 番号を使っているルータだけに限定するということです．異なる AS 番号を設定しているネイバー（隣のルータ）からアップデートを受け取ったとしても，その情報はすべて破棄します．

●**デフォルトのホップ数は 100 であるが 255 まで拡張可能**

　IGRP は RIP をベースとしているので，ホップ数もカウントしています．デ

フォルトでは最大ホップ数は 100 ですが，最大で 255 とすることができます．

●**IGRP の設定方法**

ルータのグローバルコンフィグモードから設定します．

R1(config)# router igrp 10　　　　　・・・IGRP を AS 10 で使用
R1(config-router)# network 192.168.0.0　・・・アドバタイズする network
R1(config-router)# network 192.168.1.0　・・・アドバタイズする network

ディスタンスベクタ型ルーティングプロトコルは，その仕組みのために，**ルーティングループ**の状態になりやすい欠点があります．ルーティングループとはネイバー関係のルータが宛先への次の経由ルータ（ネクストホップルータ）として誤ってお互いのルータを指定してしまい，**パケットが堂々巡り**を起こす状態です．

ルーティングループを回避する方法には次のような仕組みがあります．

・ホールドダウンタイマ
・スプリットホライズン
・ルートポイズニング

5.6 シングルエリア OSPF

```
・リンクステート型ルーティングプロトコル
・SPF(Shortest Path First) アルゴリズムをコストの計算に使う
・AS(Autonomous System) では管理せず，エリア番号を使う
・プロセス ID は 1 台のルータで閉じられた世界
・LSA(Link State Advertisement)
・DR(Designated Router) と BDR(Backup DR)
・OSPF プライオリティとルータ ID
・トポロジの変更分だけを DR と BDR に通知
・シングルエリア OSPF の設定方法
```

●リンクステート型ルーティングプロトコル

　OSPF（**Open Shortest Path First**）はリンクステート型プロトコルの代表といえるルーティングプロトコルです．RIP と比べると，コンバージェンスまでの時間が短く，定期的なルーティングアップデートは行わないといえます．OSPF を使用するネットワークの規模により，**シングルエリア OSPF** と**マルチエリア OSPF** に分けられます．

●SPF（Shortest Path First）アルゴリズムをコストの計算に使う

　OSPF の最たる特徴は，**SPF**（**Shortest Path First**）アルゴリズムをコストの計算に使うことです．SPF アルゴリズムは，**ダイクストラ**（**Dijkstra**）のアルゴリズムとも呼ばれています．コストとは，OSPF におけるメトリックといえます．SPF アルゴリズムは，自身のルータを根とする宛先への経路をツリー構造（**SPF ツリー**）でデータベースに管理するために使います．RIP のように単純ではなく，経路の**帯域幅**を元に**複雑な計算をして**，**パケットが一番早く届く経路を最適経路**と判断します．

●AS（Autonomous System）では管理せず，エリア番号を使う

　OSPF では，ルーティングアップデートを届ける範囲を**エリア**と呼びます．シングルエリア OSPF ではエリアは 1 つしかありません．エリアを区別するエリア番号は **0** と決められていて，**バックボーンエリア**と特別な名前もつけられています．

5.6 シングルエリア OSPF

●プロセス ID は 1 台のルータで閉じられた世界

　OSFP は他のルーティングプロトコルとは異なり，1 台のルータで複数の OSPF を動作させることができます（ただし現実的ではありません）．このため，ルータの中でどの OSPF であるかを特定するために，プロセス ID という番号を使います．プロセス ID の範囲は **1～65535** です．

●LSA（Link State Advertisement）

　LSA は **LSU（Link State Update）** に含まれている情報で，OSPF が有効な I/F の情報として，IP アドレスやコスト，回線種別等が含まれます．すべてのネイバーと LSU を交換して SPF ツリーが作成できます．

●DR（Designated Router）と BDR（Backup DR）
●OSPF プライオリティとルータ ID
●トポロジの変更分だけを DR と BDR に通知

　複数のネイバーが存在するとき，**DR（Designated Router：代表ルータ）** と **BDR（Backup DR）** を決めます．DR，BDR が選出されると以降は LSU は DR，BDR にのみ通知され，DR からすべてのルータに LSU が転送されます．DR，BDR 選出の基準は第一に **OSPF プライオリティ** ですが，デフォルト値である 1 をそのまま使うことが多いです．次の基準は**ルータ ID** ですが，有効な I/F の IP アドレスの最大値がそのままルータ ID となります．ただし，ループバック I/F が存在する時はループバック I/F の IP アドレスを優先してルータ ID とします．OSPF プライオリティ，ルータ ID の順に高いものから DR，BDR を選出します．

●シングルエリア OSPF の設定方法

　ルータのグローバルコンフィグモードから設定します．

```
R1(config)# router ospf 1              …プロセス ID は 1
R1(config-router)# network 192.168.0.0  0.0.0.255  area 0   エリア番号 0
R1(config-router)# network 192.168.1.0  0.0.0.255  area 0   エリア番号 0
```

0.0.0.255 と書かれている項目は**ワイルドカードマスク**です．ビットの 1 の部分をホスト部と解釈して同じネットワークであるかのチェックをしません．ビットの 0 の部分はチェックをします．

5.7 マルチエリア OSPF

- 仕組みはシングルエリア OSPF そのままにエリアが複数存在
- スタブエリア
- トータリースタブエリア（TSA）
- NSSA（Not So Stubby Area）
- トータリー NSSA
- ルート集約（サマライズ）

●仕組みはシングルエリア OSPF そのままにエリアが複数存在

マルチエリア OSPF は，アップデートが届く範囲であるエリアを複数に分割してトポロジを管理する方式です．文字どおりエリアが複数存在しますが，バックボーンエリア（エリア番号 0）が必ず存在することと，**原則としてバックボーンエリアに隣接**する形で別のエリアが存在します．エリアの境界に存在するルータを **ABR（Area Border Router）** と呼びます．

また，別のルーティングプロトコルで学習した経路情報を OSPF へ投入（**再配布**という）しているルータのことを **ASBR（Autonomous System Boundary Router）** と呼びます．エリア番号 1 以降のエリアは**通常エリア**と呼ばれますが，下記に示す特殊なエリアもあります．

●スタブエリア

一般的にバックボーンエリアとのみ隣接しているエリアのことです．**OSPF 以外の経路情報（外部ルートという）を ABR はデフォルトルートに置き換えて通知**します．ABR を含め，スタブエリア内のすべてのルータで以下のコマンドを入力します．

    R1(config)# router ospf 1　　・・・プロセス ID は 1
    R1(config-router)# area 1 stub　　・・・エリア番号 1 はスタブエリア

●トータリースタブエリア（TSA）

外部ルートのデフォルトルートへの置き換えに加え，**OSPF の別エリアへのルートもデフォルトルートに変換するスタブエリア**です．設定コマンドはスタブエリアと同じですが，**ABR のみ以下のオプションを追加**します．

R1(config-router)# area 1 stub <u>no-summary</u>
⇨TSAとしてABRを設定

●**NSSA（Not So Stubby Area）**

スタブエリアの一種ですが，内部にASBRが存在するスタブエリアです．OSPFの経路情報は集約しつつ，非OSPFのネットワークを接続するエリアにNSSAを設定します．**ASBRを含め，エリア内すべてのルータで設定**します．

 R1(config)# router ospf <u>1</u>   ・・・プロセスIDは1
 R1(config-router)# area 1 <u>nssa</u> ・・・エリア番号1はNSSA

●**トータリーNSSA**

TSAのNSSA版です．OSPFのみならず，非OSPFの経路情報もABRがデフォルトルートで通知します．設定コマンドはNSSAと同じですが，**ABRのみ以下のオプションを追加**します．

 R1(config-router)# area 1 nssa <u>no-summary</u>
⇨トータリーNSSAとしてABRを設定

●**ルート集約（サマライズ）**

OSPFでは特に経路情報が煩雑になりがちです．そのため，スタブエリア，TSA，NSSA，トータリーNSSA等の特殊なエリアに設定して経路情報をデフォルトルートに集約して通知します．通常エリアでの集約は手動で設定します．

 R1(config)# router ospf <u>1</u>   ・・・プロセスIDは1
 R1(config-router)# area 1 <u>range</u> 192.168.16.0 255.255.<u>252</u>.0

上記の例ではエリア番号1に所属する192.168.16.0/24～192.168.19.0/24のサマリアドレスとして192.168.16.0/22とrangeオプションを利用することで**手動集約**を設定しています．

5.8 Integrated IS-IS

- ・リンクステート型ルーティングプロトコル
- ・TCP/IP プロトコルスタックではなく，OSI 参照モデルに準拠
- ・ES-IS と IS-IS
- ・レベル 0 ルーティング
- ・レベル 1 ルーティング
- ・レベル 2 ルーティング
- ・レベル 3 ルーティング

●リンクステート型ルーティングプロトコル
●TCP/IP プロトコルスタックではなく，OSI 参照モデルに準拠

　Integrated IS-IS（統合アイエスアイエス：以降は IS-IS と表記）は OSPF と同様にリンクステート型のルーティングプロトコルです．正式名称は長く，Integrated Intermediate System to Intermediate System です．OSPF は TCP/IP プロトコルスタックに準拠しているのに対し，IS-IS は OSI プロトコルスイートに準拠したルーティングプロトコルです．既存の IS-IS に改良を加え，IP パケットを転送できるようにしたのが Integrated IS-IS です．IS-IS では使用する用語も変わります．「ドメイン」は AS そのものを表します．

　「エリア」については OSPF のそれとほぼ同様ですが，エリアの境界はルータ上ではなく，ルータ間（リンク上）にあります．

●ES-IS と IS-IS

　ES（End System）とは文字どおりエンドシステムのことで，ルーティングの機能をもたないノードのことです．簡単にいえばクライアント PC のことです．IS（Intermediate System）とは，直訳すると中間システムとなります．IS-IS における IS とはルーティング機能をもつノード，つまりルータのことです．

　ES-IS は PC とルータ間のルーティングのことを指します．同様に IS-IS はルータ間のルーティングのことを指します．プロトコル名とまったく同じなので文脈から察する必要があります．

●レベル 0 ルーティング

　ES-IS ルーティングのことです．ゲートウェイを知るためのルーティングで

す.

● レベル1ルーティング

同じエリア内のルータ間でのルーティングです．これ以降が IS-IS です．

● レベル2ルーティング

異なるエリア間を接続するルーティングです．

OSPF のバックボーンエリアに相当します．

● レベル3ルーティング

ドメイン（AS のこと）間ルーティングです．IGPs である ES-IS や IS-IS ではなく EGPs を使います．OSI で規定された EGPs である **IDRP**（**Interdmain Routing Protocol**）の他，後述の BGP や ISO-IGRP 等が利用できます．シスコ IOS では IDRP は未サポートなので，独自仕様の ISO-IGRP を使うことになります．

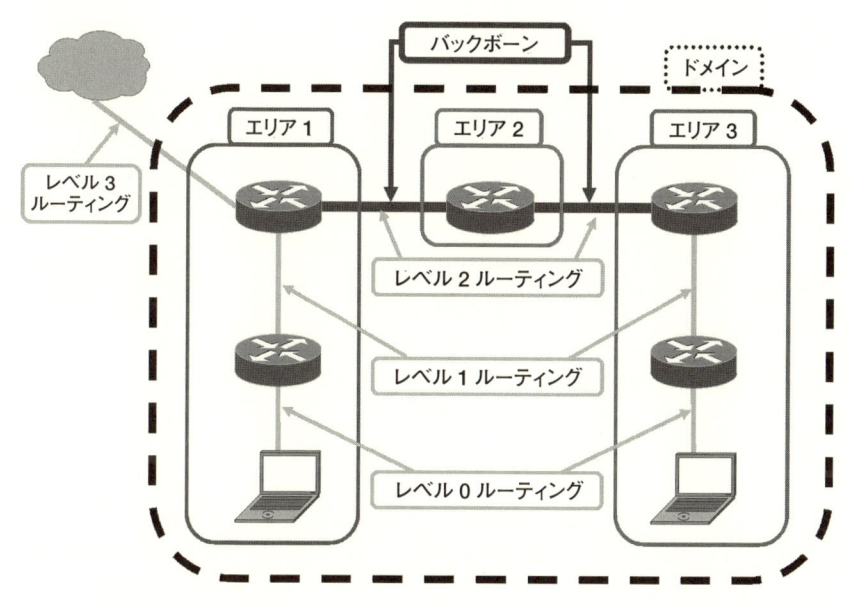

5.9 EIGRP(Enhanced IGRP)

- ・ハイブリッド型
- ・シスコ独自のルーティングプロトコル
- ・IGRP 同様，AS 番号で管理範囲を意識
- ・帯域幅，遅延，信頼性，負荷，MTU でメトリックを計算する
- ・デフォルトでは帯域幅と遅延のみでメトリックの計算
- ・DUAL
- ・サクセサとフィジブルサクセサ
- ・FD と AD
- ・EIGRP の設定方法

●ハイブリッド型
●シスコ独自のルーティングプロトコル
●IGRP 同様，AS 番号で管理範囲を意識

　EIGRP（Enhanced IGRP）は IGRP 同様，**シスコ独自のルーティングプロトコルです**．**IGRP をベースとしているので**，AS 番号でルーティングアップデートの範囲を限定します．ディスタンスベクタ型である IGRP に OSPF 等のリンクステート型ルーティングプロトコルの長所を取り入れたため，**ハイブリッド型ルーティングプロトコル**と呼ばれています．ディスタンスベクタ型の構造が簡単である点とリンクステート型のコンバージェンス時間が短い点の両方を EIGRP は備えています．

●**帯域幅，遅延，信頼性，負荷，MTU でメトリックを計算する**
●**デフォルトでは帯域幅と遅延のみでメトリックの計算**

　先ほど述べたとおり，EIGRP は IGRP をベースとしています．メトリックの計算方法も同じで，**帯域幅，遅延，信頼性，負荷，MTU** の5つを利用した複合メトリックの計算をしますが，やはり，**デフォルトでは帯域幅と遅延のみ**計算に使用します．

●DUAL（Diffusing Update Algorithm）

　EIGRP では最適ルートを計算するアルゴリズムとして，**DUAL**（Diffusing Update Algorithm）を使用します．DUAL はルートの計算時からループを作らない設計になっています．

5.9 EIGRP (Enhanced IGRP)

●サクセサとフィジブルサクセサ

●FD (Feasible Distance) と AD (Advertised Distance)

EIGRPでは3種類のテーブルを使います．すべてのネイバーが保存される**ネイバーテーブル**，ネイバーから得られた宛先への経路情報が保存されている**トポロジテーブル**，トポロジテーブルの情報を元に自身のルータから宛先までの最適経路を記録する**ルーティングテーブル**の3種類です．

トポロジテーブルには，ネイバーから得られた **AD (Advertised Distance)** の他に自身のルータから宛先ネットワークまでのメトリックである **FD (Feasible Distance)** も記録されます．

EIGRPでは最適経路のことを**サクセサ**と呼び，2番目に最適な経路のことを**フィジブルサクセサ**と呼びます．サクセサがダウンするとすぐにフィジブルサクセサが新たなサクセサとなることでコンバージェンス時間の短縮を実現します．なお，フィジブルサクセサの選出は以下の条件を満たす必要があります．

> サクセサの FD ＞ フィジブルサクセサの AD

●EIGRP の設定方法

ルータのグローバルコンフィグモードから設定します．

R1(config)# router eigrp 1 　　　・・・AS 番号は 1

R1(config-router)# network 192.168.0.0 0.0.0.255

R1(config-router)# network 192.168.1.0 0.0.0.255

最後の 0.0.0.255 は，OSPF と同様のワイルドカードマスクです．EIGRP ではサブネット化したアドレスを自動でクラスフルアドレスに集約します．自動集約を無効化するには，次のコマンドを追加します．

R1(config-router)# no auto-summary 　　　・・・自動集約の無効化

5.10 BGP(Border Gateway Protocol)

```
・パスベクタ型ルーティングプロトコル
・EGPs（外部ゲートウェイプロトコル）
・AS間ルーティング
・ネイバーとの明示的な接続
・パスアトリビュート（パス属性）
```

●パスベクタ型ルーティングプロトコル
●EGPs（外部ゲートウェイプロトコル）
●AS間ルーティング

　BGP（Border Gateway Protocol）はEGPsの1つでAS間のルーティングを行う，パスベクタ型ルーティングプロトコルです．宛先ASに到達するまでに経由したASの順序と個数で最適経路を判断します．なお，BGPを動作させるルータのことを**BGPスピーカ**と呼びます．

●ネイバーとの明示的な接続

　BGPはEGPsとしての特性上，直接接続されていないルータ間でも経路情報を交換する必要に迫られる時があります．その問題を解決するためにBGPでは，直接接続をしていないルータ同士であっても明示的にネイバーの関係（**BGPピア**と呼ぶ）になることを設定します．

●パスアトリビュート（パス属性）

　経由したASの順序（AS-Path）と個数以外でも，最適経路の判断基準に使用されるものがあります．ですが，その前にパスアトリビュートの種別について説明します．

5.10 BGP(Border Gateway Protocol)

	BGPスピーカでサポート	UPDATEに必ず含める	他BGPスピーカに伝える
Well-known mandatory	する	含む	
Well-known discretionary	する	含めなくても良い	
Optional transitive	しなくても良い		必要がある
Optional nontransitive	しなくても良い		必要はない

パスアトリビュートは上記の4種類のどれかになります。

シスコ製ルータで使用するパスアトリビュートの優先度とタイプコードの対応は以下のとおりです。

アトリビュート名	優先度	タイプコード	最良のもの
Weight(シスコ独自)	1	—	最大値(0-65535)
Local_Preference	2	5	最大値(0-429467295)
(ルートの発生元)	3	—	自身が発生したもの
As_Path	4	2	最短のAS_Path
Origin	5	1	最小値
MED	6	4	最小値
(内部BGP, 外部BGP)	7	—	外部BGP
(IGPピア)	8	—	最近のIGPピアを経由
(eBGPパス)	9	—	最古のアップデート
(ピアのルータID)	10	—	最小値

括弧書きのアトリビュートはパスアトリビュートではなく，条件そのものを指しています。

本来ならば各アトリビュートの説明をするべきですが，BGPはCCNPの範囲であるため，本書では説明を省略します。

演習問題

問1 インターネットにおいて，AS（Autonomous System）間の経路制御に用いられるプロトコルはどれか。　　　　　　　　　　　　　　　　〔2004 秋 ネット〕
　ア　BGP　　　　イ　IS-IS　　　　ウ　OSPF　　　　エ　RIP

問2 IPネットワークのルーティングプロトコルの1つであるBGP-4の説明として，適切なものはどれか。ここで，自律システムとは，単一のルーティングポリシーによって管理されるネットワークを表す。　　　　　　　　　　〔2005 秋 ネット〕
　ア　経由するルータの台数に従って最適経路を動的に決定する。サブネット情報を通知できないので，小規模のネットワークに適している。
　イ　自律システム間を接続する場合に使用され，経路が変化したときだけ，その差分を送信する。
　ウ　自律システム内で使用され，距離ベクトルとリンクステートの両アルゴリズムを採用したルーティングプロトコルである。
　エ　ネットワークをエリアと呼ぶ小さな単位に分割し，エリア間をバックボーンで結ぶ形態を採り，伝送路の帯域幅をパラメータとして組み込むことができる。

問3 RIPおよびRIP2の仕様に関する記述のうち，適切なものはどれか。
　　　　　　　　　　　　　　　　　　　　　　　　　　　　〔2006 秋 ネット〕
　ア　RIPでは情報交換にブロードキャストを使うが，RIP2ではユニキャストを使う。
　イ　RIPと同様にRIP2でもサブネットマスクを運ぶ機能がある。
　ウ　RIPには最大15ホップまでという制限があるが，RIP2では制限が拡大されている。
　エ　RIPには認証機構がないが，RIP2では更新情報のメッセージごとに認証ができる。

問4 OSPFに関する記述のうち，適切なものはどれか。　　〔2007 秋 ネット〕
　ア　経路選択方式は，エリアの概念を取り入れたリンク状態方式である。
　イ　異なる管理ポリシーが適用された領域間の，エクステリアゲートウェイプロトコルである。
　ウ　ネットワークの運用状態に応じて動的にルートを変更することはできない。
　エ　隣接ノード間の負荷に基づくルーティングプロトコルであり，コストについては考慮されない。

問5 メトリックとして用いられるものはどれか3つ選べ. 〔オリジナル〕
　ア　遅延
　イ　信頼性
　ウ　アルゴリズム
　エ　帯域幅
　オ　優先度

問6 ルーティングプロトコルはどれか3つ選べ. 〔オリジナル〕
　ア　RIP
　イ　IP
　ウ　EIGRP
　エ　OSPF
　オ　IPX

問7 ルーテッドプロトコル（ルーティング対象プロトコル）を2つ選べ.
〔オリジナル〕
　ア　RIP
　イ　IP
　ウ　EIGRP
　エ　OSPF
　オ　IPX

問8 リンクステート型ルーティングプロトコルを2つ選べ. 〔オリジナル〕
　ア　RIP
　イ　BGP
　ウ　IGRP
　エ　OSPF
　オ　IS-IS

問9 ディスタンスベクタ型ルーティングプロトコルを2つ選べ. 〔オリジナル〕
　ア　RIP
　イ　BGP
　ウ　IGRP
　エ　OSPF

オ IS-IS

問10 パスベクタ型ルーティングプロトコルを選べ．　　　　〔オリジナル〕
ア RIP
イ BGP
ウ EIGRP
エ OSPF
オ IS-IS

問11 同じ宛先ネットワークに対し，管理ディスタンス（Administrative Distance）に基づき，最適経路として使用される順番に並び替えよ．　　〔オリジナル〕
ア RIP
イ 直接接続
ウ EIGRP
エ OSPF
オ 静的ルート

問12 RIPにおけるメトリックはどれか．　　　　　　　　〔オリジナル〕
ア 帯域幅
イ 遅延
ウ コスト
エ ホップ数
オ 信頼性

問13 下図において，ルータR1にRIPを設定する．入力すべきコマンドはどれか3つ選べ．　　　　　　　　　　　　　　　　　　　　　　〔オリジナル〕

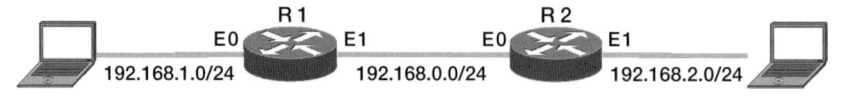

```
            R1                    R2
      E0  ┌──┐  E1          E0  ┌──┐  E1
  ────────┤  ├────────────────┤  ├────────
192.168.1.0/24  192.168.0.0/24  192.168.2.0/24
```

ア R1(config)# router rip
イ R1(config)# ip route 192.168.2.0 255.255.255.0
ウ R1(config-router)# network 192.168.0.0
エ R1(config-router)# network 192.168.1.0
オ R1(config-router)# network 192.168.2.0

問14 下記のコマンドがルータに入力された．この入力したコマンドからわかること
を2つ選べ． 〔オリジナル〕

```
R1(config)# router ospf 10
R1(config)# network 202.224.32.0 0.0.0.255 area 0
```

ア　ディスタンスベクタルーティングプロトコルが使われた．
イ　リンクステートルーティングプロトコルが使われた．
ウ　ルーティングアップデートは30秒おきにブロードキャストされる．
エ　ルーティングアップデートはDR，BDRにのみ送られる．
オ　ホップ数がルート選択のメトリックとして使われている．
カ　帯域幅，負荷，遅延，信頼性がルート選択のメトリックに使われている．

コラム

ルーティングループを防ぐ方法

ディスタンスベクタ型ルーティングプロトコルの欠点である**ルーティングループ**の回避策として，次の3つがあげられます．

・**ホールドダウンタイマ**

　ある宛先への経路がダウン状態になった場合に一定時間，他のルータから受け取ったダウンした宛先への経路情報を無視します．他のルータはそれを知らないまま，経路情報を送ってきたのかも知れないためです．この経路情報を無視する時間のことをホールドダウンタイマと呼んでいます．RIPのホールドダウンタイマのデフォルトは**180秒**です．

・**スプリットホライズン**

　同じ宛先への経路情報について，経路情報を送信してきたネイバー（隣のルータ）によりよい経路情報でない限り，自分から経路情報を転送しない，という仕組みです．

・**ルートポイズニング**

　ダウンした経路をアップデートに明示的に含める方法です．メトリックを無限大として（**RIP**ならば**16**）ネイバーに経路情報を送ります．ルーティングアップデートに含めない方法に比べると，ハッキリと無効となる経路情報をネイバーに知らせることができます．

6. インターネットの技術

この章では，インターネットの仕組みや各種サービスについて学びます．

6.1 インターネットの仕組み①

- インターネットの概要
    - インターネットは，全世界のネットワークを相互接続した最も巨大なコンピュータネットワーク
    - ネットワークのネットワーク
    - プロトコル
    - TCP/IP
- インターネットの起源

●インターネットの概要

　インターネットは，TCP/IP を用いて地域や国を超えて，全世界のネットワークを相互接続した，最も巨大なコンピュータネットワークです．

　最近では，家庭や学校，会社のネットワークも，たいていはインターネットにつながっています．そのことから，ネットワーク同士がたくさんつながった「ネットワークのネットワーク」ともいえます．

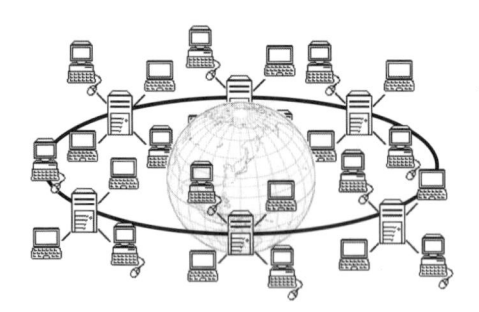

　インターネットは誰でも自由に使うことが可能ですが，ただやみくもにコンピュータをつないだだけでは，全体として機能しません．そこで一定のルール

を決め，ルールに基づいて他のコンピュータとやり取りします．このルールを通信規約（プロトコル）といいます．インターネットに接続するときのプロトコルとしては，TCP/IP を利用します．

この TCP/IP を利用して，すべてのコンピュータがつながることになります．TCP/IP が使えるならば，パソコン以外にも，携帯電話やテレビ，エアコンや電子レンジといった電化製品もインターネットにつなぐことができます．

インターネットへの接続は，通信事業者（プロバイダ）が行います．利用者はプロバイダと契約し，接続のための機器を用いてプロバイダに接続します．

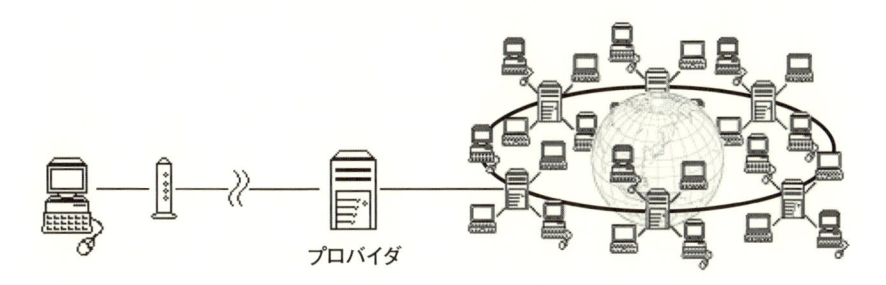

●インターネットの起源

インターネットの起源は，軍事利用を目的とした ARPANET であるといわれています．インターネットが普及するまでのおおまかな出来事としては以下のようなものがあげられます．

  1969 年 実験ネットワークとして ARPANET 構築
  1971 年 ARPANET 上の電子メールシステム開発
  1973 年 イーサネットの考案
  1974 年 TCP/IP の策定
  1986 年 全米科学財団が NSFNET を実現
  1990 年 商用ネットワークサービス開始（アメリカ）
  1993 年 商用ネットワークサービス開始（日本）

6.2 インターネットの仕組み②

```
・インターネット技術の標準化を進める団体
    IETF………インターネット技術の標準化を推進する任意団体
    ICANN……世界レベルでドメイン名，IPアドレスを管理
    JPNIC……日本のユーザに（jpドメイン名と）IPアドレスを割り当て
```

● インターネット技術の標準化を進める団体

当初インターネットは，貴重であった計算機資源を，遠隔地からも共有して利用できるようにすることが大きな目的でした．結果的に，分散した計算機資源を世界規模で情報共有し，利用できるようになりました．

コンピュータシステムを相互接続して利用するため，共通の技術仕様を議論する場が必要であるとの認識から，IETF（Internet Engineering Task Force）が発足しました．

● IETF

IETFは，インターネット技術の標準化を推進する任意団体で，コンピュータシステムを相互接続するための，TCP/IP等のインターネットで利用される技術を標準化する組織です．共通の技術仕様策定を議論するグループから発展しました．

ここで策定された技術仕様はRFC（Request For Comments）として公表されます．

通信事業者の基盤拡張や標準化についての議論は，ITU（国際電気通信連合：International Telecommunication Union）でされています．

ITUは，電気通信に関する国際標準の策定を目的とした組織で，1947年から国連の組織として運営されています．

主に，電波の国際的な分配，および混信防止のための国際的な調整，電気通信の世界的な標準化の促進，開発途上国に対する技術援助の促進等の活動を行っています．

● ICANN

インターネット上で利用される，IPアドレス，ドメイン名，ポート番号等

のアドレス資源の標準化や割り当ては，ICANN（Internet Corporation for Assigned Names and Numbers）が管理しています．

インターネットの国際化に伴い，アメリカ政府が1998年1月に，これらの資源の管理から手を引き，民間の非営利団体に一任すると発表，その受け皿として，IANAのメンバーが中心となりICANNが設立されました．

同時に，ドメインの登録等についても競争原理を導入することになり，ICANNが登録受付業務を行う組織（レジストラ）を世界中から募集しました．

●JPNIC

日本国内でのグローバルIPアドレスの割り当てや，インターネットに関する調査・研究や啓蒙・教育活動はJPNICが行っています．

1991年12月に前身であるJNICが発足し，1993年4月にJPNIC（任意団体）に移行し，1997年3月に社団法人となりました．

当初は，JPドメイン名の割り当てやDNSの管理・運営も行っていましたが，JPドメインの運営業務は，自ら出資して設立したJPRS（株式会社日本レジストリサービス）に移管されました．

ただし，現在でも，ドメイン名紛争処理方針の策定や，国際化ドメイン名に関する調査・研究と標準化の推進はJPNICが担当しています．

6.3　インターネットの接続方法①

・ダイヤルアップ接続と常時接続
　　ダイヤルアップ接続…ISDN，電話網
　　常時接続…ADSL，FTTH，CATV

　インターネットの接続方法には，一般電話，ISDN，ADSL，CATV，FTTH等いろいろな方法があり，それぞれデータの転送速度や使用する回線が違っています．

　料金についても，使用時間によって料金が加算されるものや，常時接続のように一日中つなぎっぱなしでも，定額料金のものがあります．

　CATV や FTTH は，提供地域が限られている場合があり，自分の住む地域で利用する場合は，どの接続方法が使用可能か確認することが必要です．

●ダイヤルアップ接続・・・ISDN，電話網

　ダイヤルアップ接続とは，コンピュータからネットワークへ接続する方式の1つで，接続先電話番号（アクセスポイント）にダイヤルし，電話回線経由でインターネットやパソコン通信，企業内ネットワーク等に接続する方式です．

　回線としては，固定電話回線では一般の電話網・ISDN網が，無線回線では携帯電話等が使われ，主に固定電話回線のものをダイヤルアップ接続といっています．通信速度としては，128 kbps 前後の低速回線（ナローバンドとも呼ばれる）が多く見られます．

　接続機器としては，一般の電話網に接続されたモデム，ISDN 網に接続されたターミナルアダプタが使われ，携帯電話の場合は，その端末と PC カード（CFカード，SD カード等も）や USB 等で接続されます．1980 年代頃までは，音響カプラも使われていました．

●常時接続・・・ADSL，FTTH，CATV

　インターネットの常時接続とは，コンピュータがインターネットに常時アクセス可能な状態にあることをいいます．

　初期のインターネット接続は，加入電話や ISDN を使用したダイヤルアップ接続で，回線利用料金制度としては，ISP の接続料金や回線事業者等のアクセ

ス回線の利用料は，利用時間に応じて課金される従量制が採用されていました．

大企業や大学等の研究機関では，専用線接続を利用した常時接続は以前から一般的で，ダイヤルアップ接続に比べ高速なインターネット接続が使い放題となるため，ヘビーユーザにとっては非常に魅力的なものでした．

初期の頃は，常時接続というと専用線型のインターネット接続サービスを指していました．

2000年に登場したフレッツ・ISDN以降，インターネット接続に使われる回線（CATV，ADSL，FTTH等を含む固定回線）においては，回線利用料金制度として定額制を採用するものがほとんどとなり，ユーザは接続時間にかかわらず料金が変わらないことから，回線を切断せずに常時接続することが可能となりました．現在では，回線を切断せずに常時接続する方式のことを常時接続と呼んでいます．

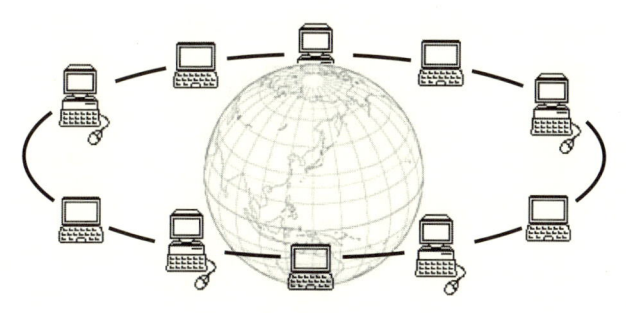

6.4 インターネットの接続方法②

```
・その他の接続方法とサービス
    PLC
    ローミング
```

● その他の接続方法とサービス

インターネットや LAN への接続には，電話回線や光ファイバケーブル等が利用されますが，通信回線としてこれら以外のものを使用する方法があります。

● PLC (Power Line Communications)

PLC は，高速電力線通信のことで，電力線を通信回線として利用する技術です。

電気のコンセントに通信用のアダプタ（PLC モデム）を設置し，パソコン等を接続します。通信速度としては，数 Mbps～数百 Mbps の高速データ通信が可能となります。

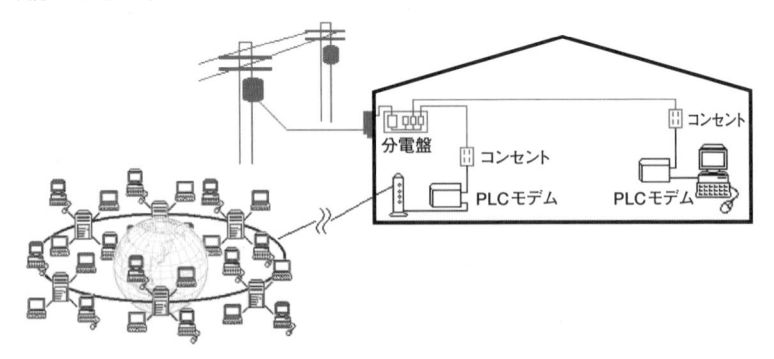

ほとんどの建物には電気配線があり，これを利用して PLC を接続すると新たなケーブルの敷設の手間が省けます。また，電力会社の配電網を利用できれば，電力網をそのまま通信インフラとして利用することができ，インターネット接続サービス等が提供できることになります。

PLC による漏えい電波が他の無線通信に影響を与えるとの指摘もあり，なかなか実用化にいたりませんでしたが，総務省が規制を緩和したため，2006 年 12 月に屋内を対象とした PLC 対応製品が，初めて発売されました。

●ローミング

契約している通信事業者からのアクセスが困難な場合には，契約している通信事業者が提携している他の事業者の設備を利用する方法があり，これをローミングといいます．インターネット接続サービスや携帯電話等で提供されています．国際ローミングサービスを利用すると，海外でも現地の事業者の設備を使ってインターネット接続のサービスを受けることができます．

一般的な接続サービスと通信速度をまとめると以下のようになります．

接続方法	通信速度
ダイヤルアップ	下り最大 56 kbps 上り最大 33.6 kbps
ISDN	最大 64 kbps （2 回線同時使用時最大 128 kbps）
ADSL	下り最大 1 M〜50 Mbps 上り最大 512 kbps〜5 Mbps
FTTH	下り／上り最大 100 Mbps 契約により異なる
CATV	128 kbps〜50 Mbps 契約により異なる

最近では FTTH で 1 Gbps，CATV は 100 Mbps を提供するサービスも現れました．

6.5 インターネットで使われる各種サービス

```
・DNS
・電子メール
・FTP
・WWW
・HTTP
・HTTPS
・TELNET
・NETNEWS
```

インターネットに関するサービスは，ホームページを Web ブラウザで表示する WWW をはじめ，電子メールや FTP 等さまざまありますが，ここではこれらの代表的なサービスについて説明します．

●DNS（Domain Name System）
　インターネット上のホスト名と IP アドレスを対応させるシステムです．
　全世界の DNS サーバが協調して動作し，IP アドレスをもとにホスト名を求めたり，その逆を求めたりすることができます．

●電子メール（E-mail）
　コンピュータネットワークを通じて文字メッセージを交換するシステムです．現実の郵便に似たシステムであることからこの名前がついています．

●FTP（File Transfer Protocol）
　インターネットやイントラネット等の TCP/IP ネットワークで，ファイルを転送するときに使われるプロトコルです．
　現在のインターネットで HTTP や SMTP/POP と並び，頻繁に利用されています．

●WWW（World Wide Web）
　インターネットやイントラネットで標準的に用いられるドキュメントシステムです．ホームページを Web ブラウザで表示する等の場合に使用されます．
　インターネットの標準ドキュメントシステムとして，1990 年代中頃から爆発的に普及しました．インターネットで最も多く利用されるアプリケーション

であり，WWWで用いられる技術はW3C（World Wide Web Consortium）が標準化にあたっています．

●HTTP（Hyper Text Transfer Protocol）

Webサーバとクライアント（Webブラウザ等）がデータを送受信するのに使われるプロトコルです．

HTML文書や，文書に関連付けられている画像，音声，動画等のファイルを，表現形式等の情報を含めてやり取りすることができます．

●HTTPS（Hyper Text Transfer Protocol Security）

HTTPに，SSLによるデータの暗号化機能を付加したプロトコルです．

サーバとブラウザの間の通信を暗号化し，クレジットカード番号やプライバシーにかかわる情報等を安全にやり取りすることができます．

HTTP以外にFTPやTELNET等のプロトコルの暗号化にも使われます．

●TELNET（Telecommunication network）

インターネットやイントラネット等のTCP/IPネットワークにおいて，ネットワークにつながれたコンピュータを遠隔操作するための標準方式です．また，そのために使用されるプロトコルがTELNETです．

●NETNEWS

インターネットにおける電子掲示板システムです．

ニュースといっても新聞社や放送局から伝えられる情報が掲載されるわけではなく，利用者が互いの情報を交換しあうシステムです．

6.6 電子メール

・電子メール
　　インターネット上の郵便
・電子メールの特徴
　　場所を選ばない
　　時間を選ばない
　　速い
　　同じメッセージを多人数に送ることができる（CC，BCC）
　　返事が出しやすい
　　テキスト以外の情報も扱える

●電子メール

電子メールとは，現実世界の郵便に似たシステムで，コンピュータネットワークを通じて文字メッセージを交換するシステムです．

文字メッセージ以外にも，画像データやプログラム等を送受信できるものもあります．また，インターネットメールのことを特に「E-mail」と呼ぶ場合があります．

●電子メールの特徴

電子メールの一般的な共通の特長としては，次のようなものがあります．

・場所を選ばない

電子メールは，ネットワークで結ばれた端末同士であれば，どこからでも，またどこへでも同じようにメッセージを送ることができます．

・時間を選ばない

電話では，相手が不在だと要件を伝えるためには，再度電話をかける必要がありますが，電子メールの場合は，メールサーバが通常24時間稼動しているので，いつでもメールの受け渡しが可能です．

・速い

ネットワークおよびサーバが正常に運用していれば，メッセージは数秒から数十秒で送られます．ただし，メッセージのサイズやネットワークの混雑の度合いによっては，到着するまでの時間に差が出ます．

サーバやネットワークがダウンしている場合でも，一定時間メッセージは蓄

積され，何度か再送が試みられます．

サーバ，あるいはネットワークが復旧すればメールは無事届けられ，また一定期間を経ても復旧しなかった場合は，差出人にその旨が伝えられます．

・**同じメッセージを多人数に送ることができる**

電子メールでは，1つの本文に複数の宛先を指定することができ，多くの人にほぼ同時に，一字一句違いのないメッセージを送ることができます．これを**同報送信機能**といいます．

同報送信機能には，自分以外に送られた相手のメールアドレスもわかる，**CC**（カーボンコピー（Carbon Copy）の略），自分以外の誰に送られたのかがわからない **BCC**（ブラインドカーボンコピー（Blind Carbon Copy）の略）があります．

BCC を使えば，メールアドレスを公開されたくない人に同報送信することができます．不特定多数を対象にした通販のダイレクトメール等は，この **BCC** を利用しています．

・**返事が出しやすい**

多くの電子メールツールには，コマンド1つで差出人に対し，返事を出すことができる返信機能があります．これは差出人のアドレスが，返事の宛先に自動転記される機能です．

あとは原文を引用し，コメントを付け加える等してメールを作成し，送信することで簡単に返事を送ることができます．

・**テキスト以外の情報も扱える**

テキスト以外の情報をメールに添付して送る機能，および受け取ったデータを復元する機能がついているものもあります．

※テキスト以外の情報としては，ワープロで作成した文書や画像データ，プログラムデータ等が相当します．

6.7 電子メールのプロトコル

```
・SMTP
・POP3
・APOP
・IMAP4
・MIME
・S/MIME
```

電子メールを利用する際に用いられるプロトコルには次のようなものがあります。

●SMTP（Simple Mail Transfer Protocol）
電子メールを送信するために利用するプロトコルです。
サーバ間でのメールのやり取りや，クライアントがサーバにメールを送信する際に用いられます。

●POP3（Post Office Protocol version 3）
電子メールをメールサーバからクライアントに受信するために利用するプロトコルで，SMTPとセットで利用されます。
また，サーバに保存されたメールを一括して受信することもできます。
パスワードを平文で送るため，盗聴や改ざん等の危険性があります。

●APOP（Authenticated Post Office Protocol）
電子メールの受信の時に使われるパスワードを暗号化する認証方法です。
パスワードを暗号化して送信するためPOP3に比べ安全性が向上しています。

●IMAP4（Internet Message Access Protocol version 4）
電子メールを受信・閲覧するために利用するプロトコルです。
タイトルや発信者の一覧等の情報を確認した後，必要なメールだけを選び受信することができます

●MIME（Multipurpose Internet Mail Extentions）
電子メールで，各国語や画像，音声，動画等を扱うための規格です。
画像のようなバイナリデータをASCII文字列に変換（エンコード）する方

法や，データの種類を表現する方法等が規定されています．

●S/MIME（Secure MIME）

電子メールの暗号化方式の1つで，MIME を暗号化します．

RSA 公開鍵暗号方式を用いてメッセージを暗号化して送受信します．

この方式で暗号化メールをやり取りするには，受信者側も S/MIME に対応している必要があります．

S/MIME に対応した電子メールクライアントならば，証明書の確認や暗号化等も自動的に行います．

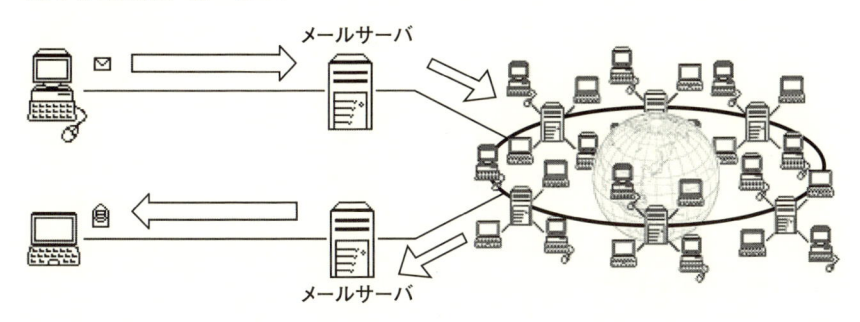

6.8 WWW

- WWW：World Wide Web
  インターネット上のサーバやサーバ内のディレクトリの住所である URL を指定して，クライアントから閲覧するシステム
- URL：Uniform Resource Locator
  ブラウザと WWW サーバ（Web サーバ）がクライアントサーバ形態で動作する
- プロキシサーバ
  プロキシサーバの利点は，保管情報の提供

●WWW（World Wide Web）

　WWW は，インターネットやイントラネットで標準的に用いられるドキュメントシステムです．

　WWW ではドキュメント（Web ページ）の記述に，HTML や XHTML といったハイパーテキスト記述言語が使用されます．

　ハイパーテキストとは，ドキュメントに別のドキュメントへの URL の参照を埋め込み（ハイパーリンクと呼ぶ）インターネット上のドキュメント同士を相互に参照可能にするシステムです．

　例としては，ハイパーリンクをクリックすることで，ページ間を移動したり，別のファイルである画像をページ内に表示させること等があげられます．そのつながり方がまるで，蜘蛛の巣を連想させることから World Wide Web（世界に広がる蜘蛛の巣）と名付けられています．

　WWW にアクセスするためのソフトウェアは WWW クライアントと呼ばれ，そのうち，利用者による閲覧を目的としたものを特に Web ブラウザ（WWW ブラウザ，あるいは単にブラウザ）と呼びます．

　インターネットを閲覧するには，ウェブブラウザのアドレス欄に，URL を指定してアクセスし，Web ページを表示させます．

●URL（Uniform Resource Locator）

　URL は，インターネット上に存在するホームページや画像の保管場所等を指すもので，インターネットにおける情報の「住所」といえます．

情報の種類やサーバ名，ポート番号，ディレクトリ名（Windowsのフォルダに相当），ファイル名等で構成されています．

Webページは HTML で記述され，そのやり取りには HTTP が利用されます．HTTP（HyperText Transfer Protocol）は，Web サーバと Web ブラウザ等がデータを送受信するのに使われるプロトコルで，HTML 文書や文書に関連付けられている画像，音声，動画等のファイルを，表現形式等の情報を含めてやり取りできます．

●プロキシサーバ

直接インターネットに接続できないような内部のネットワークがある場合に，そのコンピュータに代わって，「代理」としてインターネットとの接続を行うコンピュータ，またはそのための機能を実現するソフトウェアをプロキシ（代理）サーバといいます．

プロキシサーバは，内部のネットワークとインターネットの境に置かれ，ネットワークに出入りするアクセスを管理し，内部からある特定な条件の接続のみを許可したり，外部からの不正なアクセスがあった場合に，これを遮断するために用いられます．

単にプロキシという場合もあり，この場合は，WWW 閲覧のための HTTP プロキシを指す場合が多く，HTTP プロキシの中には，一度読みこんだファイルをしばらく自ら保存しておき，外部との回線の負荷を軽減するといった，キャッシュ機能をもつものもあります．

演習問題

問1 ADSLに関する記述として，適切なものはどれか． 〔2005春 シスアド〕
ア 既存の電話回線（ツイストペア線）を利用して，上り下りの速度が異なる高速データ伝送を行う．
イ 電話音声とデータはターミナルアダプタ（TA）で分離し，1本の回線での共有を実現する．
ウ 電話音声とデータを時分割多重して伝送する．
エ 光ファイバケーブルを住宅まで敷設し，電話やISDN，データ通信等の各種通信サービスを提供する．

問2 ADSLにおけるスプリッタの説明として，適切なものはどれか． 〔2005春 基本〕
ア 構内配線とルータの間のインタフェースのことである．
イ データ用の高周波の信号と音声用の低周波の信号を分離・合成する装置のことである．
ウ 電話局内に配置されたADSL伝送装置のことである．
エ ノイズによって発生した誤りの訂正を行う機能のことである．

問3 インターネットに関係するプロトコルおよび言語に関する記述のうち，適切なものはどれか． 〔2007秋 シスアド〕
ア FTPは，電子メールにファイルを添付して転送するためのプロトコルである．
イ HTMLは，文書の論理構造を表すタグをユーザが定義できる言語である．
ウ HTTPは，HTML文書等を転送するためのプロトコルである．
エ SMTPは，画像情報を送受信するためのプロトコルである．

問4 インターネットを経由してA社から10通の電子メールを連続して送ったところ，B社には送った順序とは異なる順序で届いた．これについて，適切な見解はどれか．
〔2007秋 シスアド〕
ア A社のメールサーバの設定に問題がある．
イ B社の電子メールに関するファイアウォールの設定に問題がある．
ウ 後から到着した電子メールは転送中に改ざんされた可能性が高い．
エ 通信経路が一定ではないので，到着順序は変わることがある．

演習問題　*135*

問5　インターネットで提供される電子メールサービスの特徴として，正しいものはどれか．　　　　　　　　　　　　　　　　　　　〔1999春　シスアド〕
　ア　電子メールアドレスを間違わなければ，その相手以外の人に電子メールの内容を読まれてしまうことはない．
　イ　電子メールアドレスを間違わなければ，電子メールは確実にその相手に届けられる．
　ウ　電子メールはネットワークを使うため取り扱える情報量に制限がない．したがって，どんなに大きなファイルを添付した電子メールでも送ることができる．
　エ　電子メールはメールサーバのメールボックスに格納されるので，相手の時間的な都合を考えずに送ることができる．

問6　インターネットにおける電子メールに関する記述のうち，正しいものはどれか．　　　　　　　　　　　　　　　　　　　　〔1997　シスアド〕
　ア　加入プロバイダとの接続回線速度が異なる相手先の場合でも，メールの交換ができる．
　イ　データは小さなパケットに区切って効率よく転送されるので，音声データも電話と同様に遅延なく転送することができる．
　ウ　テキスト以外（プログラム等）のファイルを添付して受発信できない．
　エ　同一の相手先と相互にメールの授受を行う場合は，その通信経路は常に同一である．

問7　電子メールに関する記述のうち，適切なものはどれか．　〔2006秋　シスアド〕
　ア　MIMEは，電子メールで送信できるデータ形式として，テキストだけでなく，画像，音声等の形式も規定している．
　イ　クライアントからメールサーバに電子メールを送信する場合は，POP3が使用される．
　ウ　現在加入しているプロバイダでの電子メールアドレスをabc@xxx.yyy.ne.jpとすると，別のプロバイダに加入したときは"@"の左側のabcは使用できない．
　エ　電子メールアドレスは，DHCPによって管理されている．

問8　インターネットで電子メールを利用するために，メールサーバとして，SMTPとPOP3の2つのプロトコルを利用することにした．その説明として，適切なものはどれか．　　　　　　　　　　　　　　　　　　　　　　　　〔1998　シスアド〕
　ア　SMTPは一方がクライアントであるとき利用するプロトコルで，POP3は通信す

る両方がメールサーバであるとき利用するプロトコルである．
イ　SMTPはインターネットでのプロトコルで，POP3はLANでのプロトコルである．
ウ　SMTPはメールを常時受信可能な状態で利用するプロトコルであり，POP3は接続時にメールボックスからメールを取得するプロトコルである．
エ　SMTPは送信のためのプロトコルで，POP3は受信のためのプロトコルである．

問9　インターネットで使われるプロトコルで，クライアントがサーバのメールボックスから電子メールを取り出すときに使われるものはどれか．　〔1999秋 シスアド〕
ア　FTP　　　　　　　　　イ　HTTP
ウ　POP　　　　　　　　　エ　SMTP

問10　インターネットで用いられるMIMEの説明として，適切なものはどれか．
〔2005秋 シスアド〕
ア　Web上でのハイパーテキストの記述言語である．
イ　インターネット上のクライアントとサーバとの間のハイパーテキスト転送プロトコルである．
ウ　インターネット上の資源を一意に識別するアドレス記述方式である．
エ　電子メールで音声や画像等のマルチメディア情報を取り扱えるようにする規格である．

問11　利用者のPCから電子メールを送信するときや，メールサーバ間で電子メールを転送するときに使われるプロトコルはどれか．　〔2007秋 基本〕
ア　IMAP　　　　　　　　イ　MIME
ウ　POP3　　　　　　　　エ　SMTP

問12　電子メールのプロトコルにはさまざまな種類があるが，メールの内容の機密性を高めるために用いられるものはどれか．　〔2000春 シスアド〕
ア　IMAP4　　　　　　　　イ　POP3
ウ　SMTP　　　　　　　　エ　S/MIME

問13　メールサーバからメールを受信するためのプロトコルで，次の2つの特徴をもつものはどれか．　〔2007秋 ネット〕
(1)　メールをメールサーバ上のメールボックスで管理することによって，発信者やタイトルを確認してからメールをダウンロードするかどうかを決めることができる．

(2) 文字列等でメールサーバ上のメールボックス内のメッセージの検知ができる．
　ア　APOP　　　　　　　　イ　IMAP4
　ウ　POP3　　　　　　　　 エ　SMTP

コラム

無線 LAN による接続

　街中で無線 LAN を利用する際に，無線 LAN の電波を探すと多くのネットワークが見つかります．その回線のいくつかには，誰でもアクセスし利用できる状態にしてあるものや，セキュリティ対策がされていないためにアクセスできてしまうものがあります．

　ホテルのロビーや空港，飲食店・駅等で最近多く見られるようになった「フリースポット」，または「ホットスポット」と呼ばれるサービスには，はじめから利用者に無料提供することを目的で開放していたり，飲食店で飲食物を注文することで，座席で無線 LAN を利用することができるといったものもあります．

　一般家庭の無線 LAN の場合は，セキュリティ対策がされていなければ他人に勝手に使用される危険性があります．見つけた他人のネットワークに，勝手に進入することは違法ですが，無意識のうちにつながってしまったといったケースもあるようですから注意が必要です．

　自分で無線 LAN を構築する場合は，悪意のある第三者等から自分のパソコンやネットワークを守るためにも，適切なセキュリティ対策を行う必要があります．

7. インターネットのセキュリティ技術

この章では，インターネット利用時の脅威や対策について学びます．

7.1 インターネット上の脅威①

```
・インターネット利用時の脅威
    盗聴
    改ざん
    なりすまし
    否認
```

● インターネット利用時の脅威

インターネットの世界は，誰もが利用可能で便利な反面，さまざまな脅威が存在します．

各種サービスの停止を狙ったもの，インターネットに接続されたパソコンを踏み台として利用しようとするもの，電子メールのメッセージや情報データを狙ったもの等さまざまです．これらの脅威からコンピュータを守るためにも，インターネット上の脅威について知っておく必要があります．

実際の脅威としてはまず，次の4つが考えられます．

1. 盗聴

通信途中のデータの内容が，第三者に盗み見されてしまうことです．
データの暗号化等の対策が必要です．

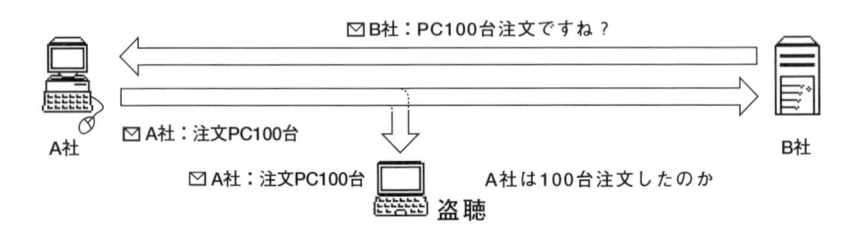

```
A社 ←──────── ✉B社：PC100台注文ですね？ ──────── B社
    ──────────────────────────────────→
    ✉A社：注文PC100台
                    ↓
            ✉A社：注文PC100台    A社は100台注文したのか
                            盗聴
```

2. 改ざん

送信したデータが，第三者に書き換えられて送信されてしまうことです．
メッセージ認証やデジタル署名等の対策が必要です．

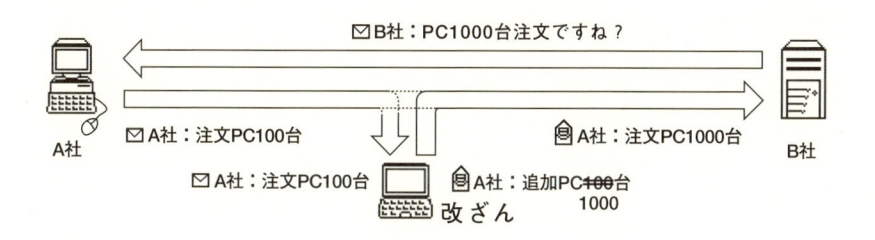

7.1 インターネット上の脅威①

[図: A社 → B社 注文PC100台 が改ざんされ 追加PC1000台 となる様子]

3. なりすまし

第三者が，正当なユーザになりすまして振る舞うことです．
IDやパスワード等がもれないように，重要な管理が必要です．

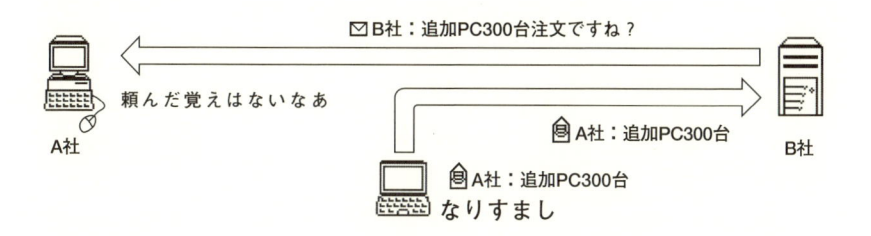

[図: なりすましによりA社を装って追加PC300台の注文がB社に送られる様子]

4. 否認

送信者が送信したことを否定したり，受信者が受信したことを否認することです．
認証局による認証等の対策が必要です．

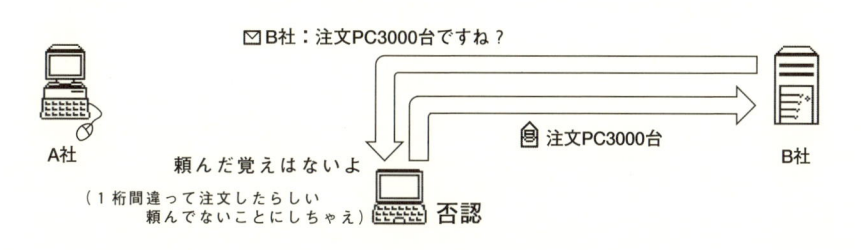

[図: A社が「頼んだ覚えはないよ（1桁間違って注文したらしい 頼んでないことにしちゃえ）」と注文PC3000台を否認する様子]

7.2 インターネット上の脅威②

・電子メール利用時の脅威
　　スパムメール
　　チェーンメール
　　不正プログラム（ウイルス）の感染
　　フィッシング詐欺メール

●電子メール利用時の脅威

インターネットでは特に電子メールを利用する際には，前出の4つの脅威のほかに，以下の行為についても注意する必要があります．

●スパムメール

スパムメールとは，受信者が望まないにもかかわらず，無差別に一方的に送られてくる迷惑な電子メールのことです．その多くは，商品の宣伝等の営利目的の内容の電子メールです．

●チェーンメール

チェーンメールとは，転送が繰り返され，次々に広まっていく電子メールのことです．ほとんどがいたずら目的のものですが，人探しや募金の呼びかけ等，本来は善意のはずのお願いのメールが，いつの間にかチェーンメールとして広まってしまうケースもあります．

これらのメールは，ダウンロード時間がかかることや，昼夜を問わずに送られる等，受信者側にとって大きな負担がかかること等から，最近では社会問題のひとつになっています．

●不正プログラム（ウイルス）の感染

ウイルスとは，コンピュータに侵入し，利用者が意図しない動作を行う不正なプログラムのことです．

ウイルスにはいくつもの種類があり，感染すると自分のコンピュータが被害を受けるだけでなく，コンピュータの中から探し出されたメールアドレスに対して，ウイルスが自動的に配信される等，ウイルス感染の仲介をさせられてしまうこともあります．

ウイルス対策ソフトを導入し，常に最新のウイルスに対応できるようにウイ

ルス定義用ファイルを更新することで，ある程度の防御は可能です．

　自分の知らないあいだに，加害者にならないためにもウイルス対策ソフトを導入し対策をとることは，インターネットを利用する上での最低限のマナーといえます．

●フィッシング詐欺メール

　フィッシング詐欺とは，送信者を詐称した電子メールに記載された URL アドレスから，偽のホームページに接続させ，クレジットカード番号や，本物のホームページを利用する際のユーザ ID やパスワードといった，重要な個人情報を盗み出す行為のことです．

　最近では，ひと目ではフィッシング詐欺だとは判別できないような，巧妙な手口を使ったケースが増えており，電子メールで送られてきた案内の送信者名や，電子メールの内容をしっかり確認し鵜呑みにしないことや，ホームページでの登録の際に，SSL 等の暗号化技術が採用されているかを確認してから登録する等，注意して利用する必要があります．

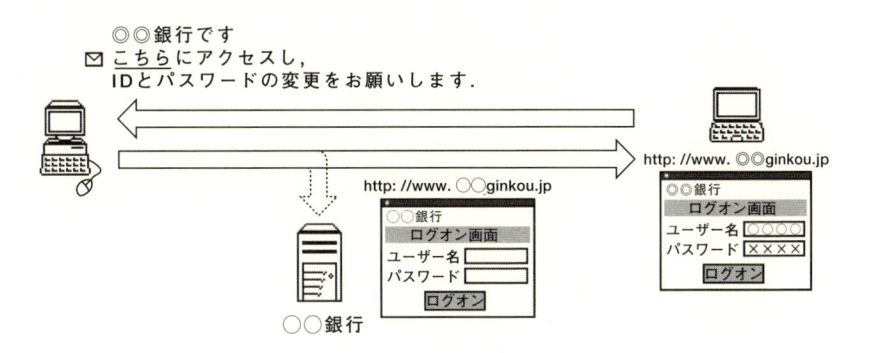

7.3 インターネット上の脅威③

- ・バックドア
- ・Dos 攻撃，DDos 攻撃
- ・破壊
- ・踏み台
- ・不正プログラム（スパイウェアやボット）への感染

インターネットを利用する際には，4つの脅威や電子メールの利用以外にもさまざまな脅威があります．それらについても知っておき，注意して利用する必要があります．

●バックドア

バックドアとは，ウイルスやスパイウェア等を通じて侵入されたコンピュータに仕掛けられた侵入経路のことです．バックドアを仕掛けられたコンピュータは，対策を施さないと繰り返して不正侵入を受け，情報を漏えいし続ける可能性があります．

バックドアを仕掛けるウイルスに感染した場合は，感染したプログラムを特定し，それに対する対策を実施する必要があります．

●Dos (Denial of Service)攻撃，DDos (Distributed Denial of service) 攻撃

DoS 攻撃とは，標的としたコンピュータに，大量のパケットを送信して，コンピュータを処理能力オーバー状態にし，麻痺させる不正攻撃の一種のことです．

複数のコンピュータから攻撃を仕掛ける場合は，DDoS 攻撃とも呼ばれます．

この攻撃法に対する完全な対策はありません．ただし，プロバイダ等と連携し，緩和策を実施することで，ある程度の攻撃から防御することは可能です．

●踏み台

踏み台とは，不正アクセスや迷惑メール配信の中継地点として利用されているネットワーク機器のことです．悪意のあるユーザが，第三者の所有する機器を利用し不正な行為を行うため，不正を行っているユーザの特定がしづらくな

ります．

　管理者は必要のないサービスやアカウントを停止したり，使用しているソフトウェアの脆弱性への対応等を適切に行うことで，踏み台となることを防ぐ必要があります．

●不正プログラム（スパイウェアやボット）への感染

　スパイウェアとは，ユーザが知らない間にインターネットに勝手に情報を送信するソフトウェアのことです．インストールしたアプリケーションソフトに，機能として組み込まれているものや，インターネットでダウンロードしたソフトウェアに付属しているもの等があります．

　スパイウェアによる情報の漏えいを防ぐには，スパイウェア自体を削除するか，スパイウェアによるデータの送信を停止する必要があります．

　スパイウェアの削除は，専用のスパイウェア駆除ツールで実行することができます．また，個人用の統合セキュリティ対策ソフトには，ウイルス対策機能や，ソフトウェアによるファイアウォール機能の他に，スパイウェアによる情報の送信をブロックする機能をもつものもあります．

　ボット（BOT）とは，コンピュータを外部から遠隔操作するためのコンピュータウイルスのことです．外部から自由に操るという動作から，ロボット（Robot）をもじってボット（BOT）と呼ばれています．

　ボットに感染したコンピュータとそのコンピュータの持ち主は被害者ですが，ボットに操られたコンピュータは加害者になってしまいます．

7.4 インターネット上の脅威④

- クロスサイトスクリプティング攻撃
- ソーシャルエンジニアリング
- インターネット犯罪
    架空請求
    ワンクリック不正請求
    クレジットカード
- ネットオークション利用のトラブル
    取引不調
    チャリンカー
    盗品販売
    違法品・粗悪品
    不正アクセス

●クロスサイトスクリプティング攻撃

　クロスサイトスクリプティング攻撃とは，複数ページにまたがるスクリプトがあった場合に，ブラウザが別のページでもそのスクリプトを反映させてしまい，その結果としてCookie漏えいやファイル破壊等をもたらす可能性があるといった脆弱性を狙った攻撃のことです．

　ブラウザの設定でスクリプトを無効にしたり，Webページに危険をもたらす可能性のある文字は，置換・除去するようなスクリプトを埋め込む等の対策があげられます．

●ソーシャルエンジニアリング

　ソーシャルエンジニアリングとは，ネットワークへの不正侵入を目的に，物理的（人為的）な方法で，IDやパスワードを盗み出すことです．

　入退室管理や本人確認の徹底，コールバック等の方法を行うことである程度防ぐことが可能です．

●インターネット犯罪

　最近では，インターネットを利用した犯罪も多く見られます．ここでは，代表的なものとその例を記述します．

架空請求
・利用した覚えのないサービスの料金が請求される．

ワンクリック不当請求
・サイトのリンクをクリックしたら，料金請求画面が表示される．
・利用した有料サービスに対して，とても高額な料金が請求される．

クレジットカード
・ネットショッピングで買った覚えのない商品の料金請求が，クレジットカード会社から送られてくる．

●ネットオークション利用のトラブル
インターネットのオークションサイトを利用する際にも，次のようなトラブルの恐れがあり注意が必要です．

取引不調
・商品を落札して代金を入金したが，すぐには商品が届かず，メールや掲示板に書込みする等の催促をして，ようやく商品が送られてくる．
・落札できなかった商品について，出品者から直接メールで取引を持ちかけられる．

チャリンカー
・商品を落札して代金を入金したが，商品がいつまで待っても送られてこない（自転車操業に失敗し，代金を持ち逃げされる）．

盗品販売
・自分が盗難にあったものが，ネットオークションで売られている．

違法品・粗悪品
・落札した商品が偽ブランド品やコピー品だった．
・違法なものが出品されていた．

不正アクセス
・オークション用のID・パスワードが他人に使われた．

7.5 情報セキュリティの三要素

・情報セキュリティの三要素
　　機密性・・・データの漏えいを防ぐ
　　完全性・・・データの改変を防ぐ
　　可用性・・・システムの停止を防ぐ

●情報セキュリティの三要素

「情報セキュリティ」は，JIS Q 27002「情報セキュリティマネジメントの実践のための規範」では，「情報の機密性，完全性，可用性を維持すること」となっています．

情報セキュリティについて考える時には，機密性だけに目を向けがちですが，完全性や可用性についても考える必要があります．

機密性，完全性，可用性の3つを情報セキュリティの三要素といい，次のようになります．

●機密性（Confidentiality）

情報の機密性とは，「情報を，漏えいや不正アクセスから保護する」ということになります．

機密性に対する脅威としては，情報漏えいやなりすまし等があります．

●完全性（Integrity）

情報の完全性とは，「情報を，改ざんや間違いから保護する」ということになります．

完全性に対する脅威としては，不正アクセスや誤動作等があります．

●可用性（Availability）

情報の可用性とは，「情報を，紛失・破損やシステム停止等から保護する」ということになります．

可用性に対する脅威としては，不正アクセスやDoS攻撃，ウイルスや天災等があります．

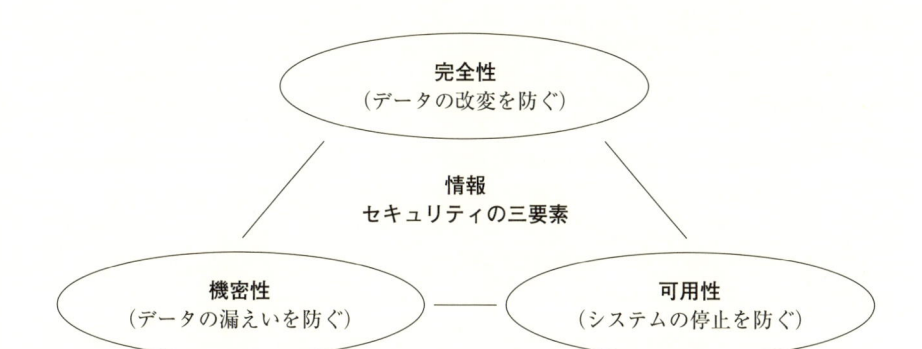

完全性
(データの改変を防ぐ)

情報
セキュリティの三要素

機密性
(データの漏えいを防ぐ)

可用性
(システムの停止を防ぐ)

7.6　ユーザ認証

・アカウント
・認証
　本物であることを証明すること
　本人しか知らない情報
　本人しか持っていないもの

●アカウント

　ネットワークやシステムは利用できるユーザを限定し，ユーザによって利用できる権限を決めており，この利用権限をアカウントといいます．
　アカウントを利用する際には，本人であることを証明する必要があり，その方法として認証があります．

●認証

　認証は，本物であることを証明することといえます．特に，情報システムでは本人であることを証明することを認証といいます．
　しかし，本人を証明するということは，実際上は難しい問題といえます．銀行のキャッシュカードは，暗証番号を知っていれば本人でなくてもお金を引き出すことができます，この場合の認証の条件は，「カードを持っている」ことと，「暗証番号を知っている」ということになります．また，預金通帳で引き出す場合は，「預金通帳を持っている」ことと，「それに合う印鑑を持っている」ということになります．
　このように認証を考える上で問題となるのは，どうやって本人を証明するかという点になります．
　通常，本人の証明には，次のような2つの方法が考えられます．
① 本人しか知らない情報を利用する方法
　情報システムで，通常もっとも利用されている認証方法は，パスワードシステムです．これは証明方法としては，本人しか知らない情報を利用したものに分類されます．
② 本人しか持っていない身体的な特徴等を利用する方法
　本人しか持っていない身体的な特徴等を利用するものに生体認証があります．

利用される身体的な特徴としては，指紋・手形・網膜・虹彩・声紋・顔・署名・手の甲の静脈パターン等があります．

身体的な特徴を利用するため，認証システムをいつわることが非常に難しい等のメリットがありますが，システムそのものがまだ高価であることや，原本データの登録に手間がかかること等から，現在はまだ一部にしか導入されていないのが現状といえます．

こういった認証の方法も，本人しか知らない情報の場合は，それが漏れれば意味がありません．また，指紋や虹彩であっても，それが本人のものであるという前提条件が崩れれば，偽装することは可能だといえます．

したがって，これらの証明方法のうち，1種類を用いて認証するよりも，複数を組み合わせて用いたほうがより強力な認証となると考えられます．

7.7 認証の方法

- 本人しか知らない知識を入力するものを本人とみなす方法
  パスワードによる認証
- 本人固有の持ち物をもって本人を確認する方法
  ワンタイムパスワード（1回限りのパスワード）
  スマートカード（ICカード）
- 本人の身体的特徴や行動的特徴をもって本人を確認する方法
  生体認証／バイオメトリクス複合認証（指紋等の身体的特徴）

認証の方法としては，本人しか知らない知識を入力するものを本人とみなす方法，本人固有の持ち物をもって本人を確認する方法，本人の身体的特徴や行動的特徴をもって本人を確認する方法等があります．

●本人しか知らない知識を入力するものを本人とみなす方法

本人しか知らない知識を入力するものを本人とみなす方法としては，パスワードによる認証があります．

- パスワードによる認証

ユーザ名（またはID）とパスワードが一致した場合にのみ本人を認証し，情報資産が利用できるという仕組みです．

このとき，IDは個人を識別するための番号，パスワードは情報資産にアクセスした人間が本人であることを確認する手段ということになります．

●本人固有の持ち物をもって本人を確認する方法

本人固有の持ち物をもって本人を確認する方法としては，ワンタイムパスワードやスマートカード（ICカード）を利用した認証があります．

- ワンタイムパスワード（**OTP：One Time Password**）

認証のために1回しか使えない「使い捨てパスワード」のことで，遠隔操作でコンピュータシステムの内部リソースにアクセスしようとする際等に用いられます．

- スマートカード（ICカード）

CPUやメモリ等のICチップを組み込んだ，クレジットカード大のプラスチックカードで，カード端末に通して利用する「接触型」と，内蔵アン

テナにより無線で利用する「非接触型」の2種類があります.

最大の特徴としては,演算能力が高くきわめて高度なセキュリティが確保されること,本人の認証が暗証番号で行われるため不正利用されにくいこと等があります.

また,紛失,盗難といった事態に際しても内部のデータは暗号化により保護されているため,免許証や身分証等のIDカードや,クレジット決済,電子マネー,医療・保険関連の個人情報の記録等の幅広い用途に利用されています.

● 本人の身体的特徴や行動的特徴をもって本人を確認する方法

本人の身体的特徴や行動的特徴をもって本人を確認する方法としては,生体認証やバイオメトリクス複合認証があります.

・ 生体認証(Biometrics Authentication)／バイオメトリクス複合認証

現状,多数の身体的特徴を対象にした製品が開発されていますが,認証システムのしきい値を十分に高く設定できるのは,指紋や手形等に限られています.しかし指紋採取による偽造がつきまとい,単一での個人認証は現実には不可能となっています.このため生体認証をほかの認証と組み合わせて利用するため,バイオメトリクス複合認証とも呼ばれます.

顔面や網膜等は特徴点の抽出が難しく,その日の微妙な体調の変化によって否認されてしまうこともあります.認識のしきい値を下げると,顔写真でも認証してしまう可能性があります.現状ではまだまだ認識方法に問題が多く,研究開発がすすめられています.

7.8 ファイアウォール①

- ・直訳すると「防火壁」
- ・ネットワークの内部と外部を分離する
- ・必要な通信のみを通過させ，不要な通信を遮断する
- ・パケットフィルタリング
- ・アプリケーションゲートウェイ

●ファイアウォール

　ファイアウォールは直訳すると「防火壁」となります．インターネット等の信頼できないネットワークからの，攻撃や不正アクセスから組織内部のネットワークを保護するためのシステムです．

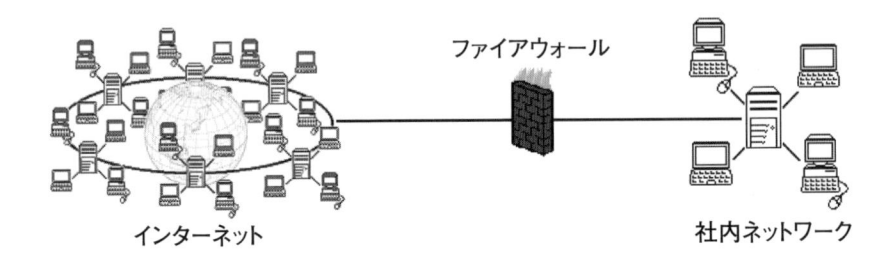

　ファイアウォールの定義は「信頼度の異なるネットワークを相互接続するもの」となっています．

　たとえば，社内ネットワークに接続するユーザは社員ですが，インターネットに接続するユーザは限定されないので，クラッカーやテロリスト，産業スパイ等の悪意のあるユーザが存在する可能性があります．

　このように信頼度の異なるネットワークを相互接続する場合は，セキュリティ対策を行う必要があります．

　ファイアウォールは，必要な通信のみを通過させ，不要な通信を遮断することで，内部のネットワークから外部へはアクセスできるが，外部から内部のネットワークにはアクセスができないように設定するのが一般的です．

ファイアウォールは機能によって大きく4つの種類（パケットフィルタリング，サーキットレベルゲートウェイ，アプリケーションゲートウェイ，プロキシ）に分けられます．

これらはいずれも条件に合う通信だけを通過させ，それ以外は阻止する機能を提供しますが，許可／阻止の判断に使用する材料がそれぞれ異なっています．

たとえば，パケットフィルタリングは，サービスの種類（ポート番号）と，アクセス先とアクセス元（IPアドレス）によってアクセスを制限します．

また，アプリケーションゲートウェイでは，アプリケーション層プロトコルで使用するペイロードの情報（参照先URL情報，ファイル名，ユーザ名，実行コマンド等）を基にアクセス制御を行います．

ファイアウォールは，このような機能のうちいくつかを組み合わせて，ハードウェアまたはソフトウェアで実現されます．

ファイアウォールに使用する機器は，障害等の可能性を十分考慮して選定し，障害が発生したときに迅速な復旧ができるような体制をつくっておく必要もあります．

7.9　ファイアウォール②

・ファイアウォールの運用
・定期的なログ解析
・ログの蓄積・保存
・ログ解析ツール・監査ツールの活用
・バージョンアップやパッチの適用
・セキュリティ情報収集
・ネットワークアドレス変換技術(NAT)

●ファイアウォールの運用

　ファイアウォールは，導入するだけではなく導入後の運用を，適切に行っていくことで，セキュリティを維持し続けることが重要といえます．
　運用時に注意すべき点については以下のようなことがあげられます．

●定期的なログ解析

　定期的にファイアウォールのログ解析を行うことで，ルール作成のミスによるセキュリティホールの発生や，トラフィックの増加によるパフォーマンスの低下等を検知し，これらを未然に防ぐことができます．
　リスクの高い通信については，特に詳細なログを記録するように設定します．

●ログの蓄積・保存

　ログ解析の結果を毎回同じフォーマットで出力することで，出力されたレポート結果を以前のレポートと比較でき，異常を発見しやすくなります．
　ログの情報を正確なものにするために，NTP (Network Time Protocol) 等を使用して，コンピュータの時刻を常に正確にしておきます．また，ログを保存する容量も十分に確保しておく必要があります．

●ログ解析ツール・監査ツールの活用

　ログ解析ツールや監査ツールを活用することで，既知の攻撃手法を検出したり，ファイアウォールの設定ミスやセキュリティホールのチェックを行うことができます．

●バージョンアップやパッチの適用

　ファイアウォール上で使用するOSやソフトウェアも，できるだけ最新バー

ジョンのソフトウェアや最新のパッチを適用するようにします．

● セキュリティ情報収集

　管理者は，ファイアウォール製品そのものの情報だけでなく，導入しているすべての製品や OS のセキュリティ情報を常に把握するために，製品の Web ページやメーリングリストに加入する等，情報の収集に努める必要があります．

　可能ならば，そのほかのセキュリティ関係のメーリングリスト等にも参加して，世の中の動向等をつかんでおきます．

　これらの情報収集は一過性にならないように，常に継続して行う必要があります．また，病気等で会社を休んでいるときに情報が公開されたり，情報を見逃してしまう可能性もあるため，できるだけ複数の管理者が協力して情報収集や，セキュリティ対策にあたるようにします．

● ネットワークアドレス変換技術（NAT）

　ファイアウォールの一種と考えることもできるものに，ネットワークアドレス変換技術（NAT）があります．

　ネットワークアドレス変換は，グローバル IP アドレスをプライベート IP アドレスに変換するときに，パケットフィルタリングができるためセキュリティを高める効果もあるといえます．

　プライベート IP アドレスを割り当てられたホストは，特別な設定をしない限り外部のネットワークからは接続できないことが多いため，ネットワークアドレス変換は，簡易的なファイアウォールの一種といえます．

7.10 DMZ(DeMilitarized Zone)

```
・DMZ(DeMilitarized Zone)
    ファイアウォールによって外部ネットワークや内部ネットワークから隔離され
  たネットワークセグメント．
    インターネットに公開され外部より頻繁にアクセスされるサーバをDMZにお
  く．
```

●DMZ(DeMilitarized Zone)

　ファイアウォールによって，外部ネットワークや内部ネットワークから隔離されたネットワークセグメントを，DMZ（非武装地帯）といいます．

　社内ネットワークをインターネットに接続する際に，インターネットに公開され外部より頻繁にアクセスされるWebサーバやメールサーバ，DNSサーバ等は，DMZセグメントに設置します．

　DMZセグメントは，次図のようにファイアウォールで囲まれたセグメントとして存在し，インターネットからの不正なアクセスから保護されるとともに，内部ネットワークへの被害の拡散を防止します．

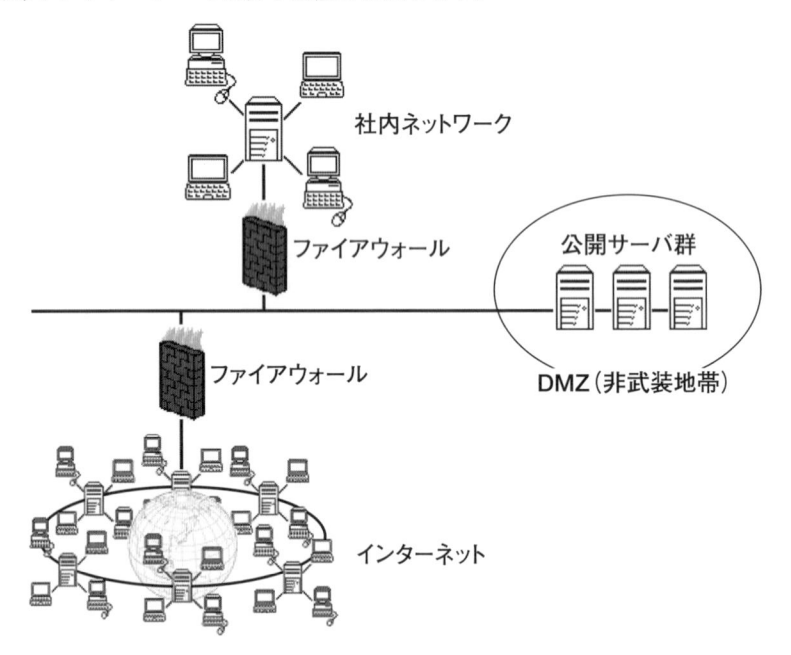

7.10 DMZ(DeMilitarized Zone)

　最近では内部犯行による被害の増加から，内部ネットワークからの不正なアクセスを防ぐという目的で使用する場合もあります．前図のような構成の場合は，2つのファイアウォールを別製品にすることで，さらにセキュリティの強度を向上することができます．

　ただしこの構成は導入コストがかかるため，安全性が若干下がりますが，一般的には下図のような構成にするようです．

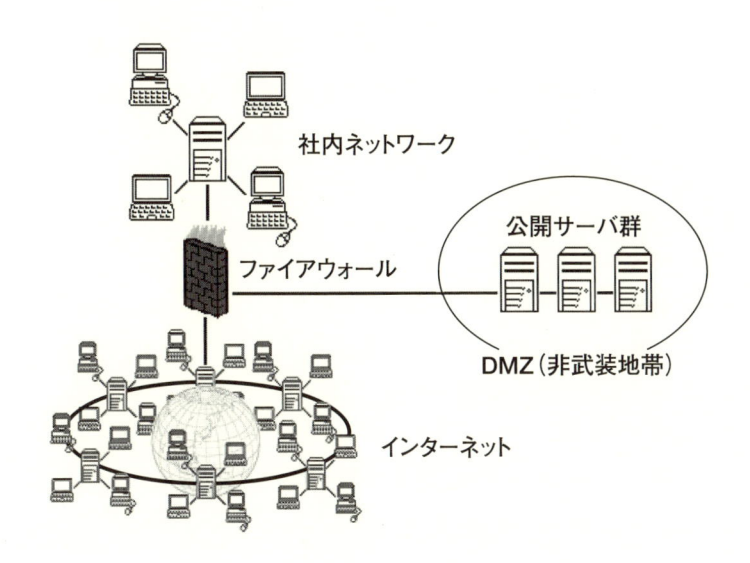

7.11 暗号化

・暗号化の目的
・平文・暗号文
・暗号化に必要なもの
・暗号アルゴリズム

　インターネットでは，いくつものサーバを経由してデータが転送されるため，途中のサーバやネットワークでデータの中身をのぞき見られる盗聴や，データの内容を書き換えられる改ざんやなりすまし等の危険性があります．
　これを防ぐためには，第三者に見られても内容がわからないようにしたり，改ざんされていないかのチェックや，相手が本当に目的の相手なのかを確かめる必要があります．

●暗号化の目的

　暗号化の目的は，通信データが第三者に見られても，その内容までわからないようにすることといえます．

●平文・暗号文

　暗号化されていないデータのことを「平文（ひらぶん）」といいます．
　パスワード等のデータが，暗号化されずにネットワークで通信されている状態を強調するため等に用いられます．
　平文の反対に，暗号化されそのままでは読めない状態になっているデータのことを「暗号文」といいます．
　元のデータを暗号文に変換することを「暗号化」，暗号文を元のデータに戻すことを「復号」といいます．

●暗号化に必要なもの

　暗号化には，暗号化アルゴリズムと，鍵（キー）が必要になります．

7.11 暗号化

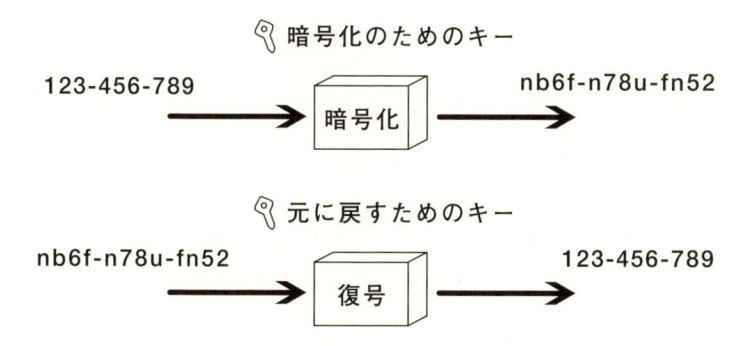

```
                    🔑 暗号化のためのキー
123-456-789  →  [暗号化]  →  nb6f-n78u-fn52

                    🔑 元に戻すためのキー
nb6f-n78u-fn52  →  [復号]  →  123-456-789
```

　この暗号化には，共通鍵暗号方式と公開鍵暗号方式があります．
　十分に長い暗号化鍵を使用して作られた暗号文は，通信内容を盗聴されても解読される恐れが極めて低く，安全な通信が行えるといえます．

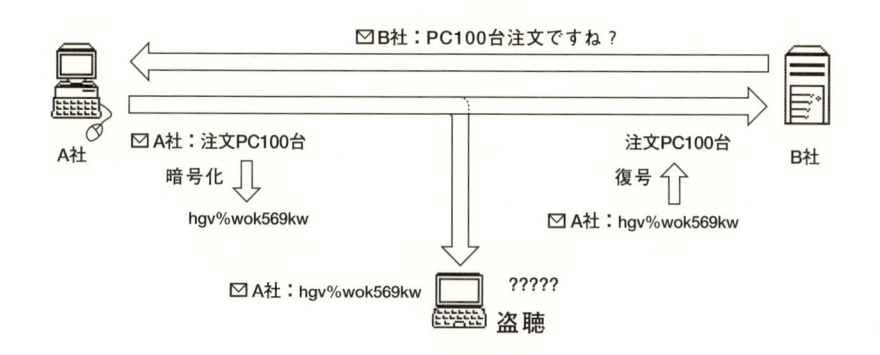

```
              ✉B社：PC100台注文ですね？
  A社  ←─────────────────────────────→  B社
        ✉A社：注文PC100台        注文PC100台
        暗号化 ⇩                  復号 ⇧
        hgv%wok569kw       ✉A社：hgv%wok569kw

             ✉A社：hgv%wok569kw
                         [💻] ?????
                         盗聴
```

●暗号アルゴリズム
　代表的な暗号アルゴリズムには，次のようなものがあります．
　　IDEA, DES, RC2/RC4, MULTI2, Camellia, MISTY1

7.12 暗号化の技術

・暗号化の技術
・共通鍵暗号方式
　　共通鍵
・公開鍵暗号方式
　　公開鍵と秘密鍵

●暗号化の技術

　以前の暗号化には，通信する送信側と受信側の双方が，暗号化と復号で共通の鍵を用いて行う「共通鍵暗号方式」が使われていました．しかし，この方式は通信する相手ごとに異なる「共通鍵」を用意する必要があり，かつ，暗号に使用した鍵を，他人に知られないように通信相手に渡す必要があり，非常に難しいという欠点がありました．

　そこで，暗号化と復号で別々の鍵を利用する「公開鍵暗号方式」が使われるようになりました．

●共通鍵暗号方式

　共通鍵暗号方式は，秘密鍵暗号方式や対称鍵暗号方式とも呼ばれ，暗号化と復号で同じ鍵を使う暗号方式です．送信側と受信側の双方が秘密鍵と呼ばれる共通の鍵を持ち，それを秘匿することで機密を保ちます．

　扱いが簡単ですが，相手先ごとに異なる「共通鍵」を作成しなければならないことや，あらかじめ安全な方法で相手に鍵を渡しておく必要があることから，限られた特定の相手とのやり取りに向いています．

　共通鍵暗号方式には DES や AES 等があり，これらは米国連邦情報処理標準規格（FIPS）として採用されています．

●公開鍵暗号方式

　非対称鍵暗号方式とも呼ばれ，公開鍵と秘密鍵という対になる2つの鍵を使ってデータの暗号化／復号を行う暗号方式です．

7.12 暗号化の技術

🔑公開鍵（暗号文を作り出す鍵）

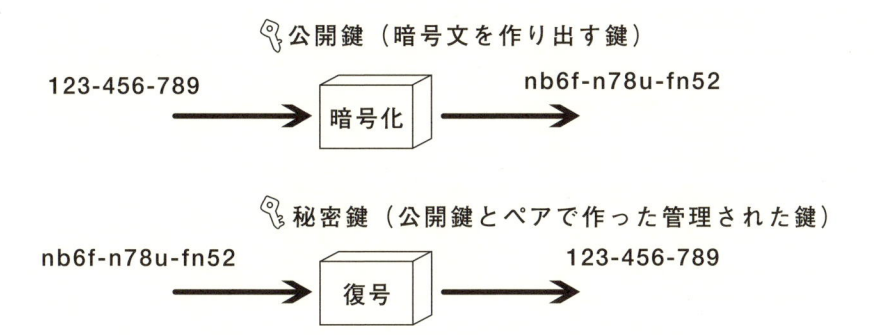

123-456-789 → 暗号化 → nb6f-n78u-fn52

🔑秘密鍵（公開鍵とペアで作った管理された鍵）

nb6f-n78u-fn52 → 復号 → 123-456-789

　暗号通信をする場合には，まず独自に対になる2つの鍵を作成します．1つは暗号化用の鍵で，これは公開鍵と呼ばれ，通信相手に知らせる鍵としてインターネット上でもやり取りでき，だれでもこの公開鍵で鍵を公開している人に暗号化した文を送ることができます．

　暗号文の受け手は，公開鍵と対で作成した，本人だけがわかるように厳重に管理された秘密鍵で復号します．1つの鍵を公開すればよいため，不特定多数向けといえます．

　また，送信者が秘密鍵で暗号化し，受信側が公開鍵で復号することで，暗号文の作成者が本人であることを証明することもできます．これはデジタル署名で利用されます．

　公開鍵暗号方式は，暗号化と復号を同じ鍵で行う共通鍵暗号方式に比べ，公開鍵は複数の相手と共有が可能であること，秘密鍵は1つですむため鍵の管理が容易で安全性が高いといえます．

　公開鍵暗号方式にはRSA，DSA，ECDSA等があり，米国連邦処理標準は電子署名アルゴリズムとしてこの3つを採用しています．

7.13 電子署名

> ・電子署名
> ・デジタル署名
> ・デジタル署名の手順
> ・ハッシュ関数

●電子署名

電子署名とは，誰が作成したものか，また，改ざんが行われていないかどうかを確認できるようにするためのものをいいます．

したがって，受領した電子文書に電子署名が行われていれば，その作成者を特定することが可能であり，また，電子署名が行われた以降も，作成者を含めて誰も電子文書の改ざんを行っていないことを証明することができます．

●デジタル署名

電子署名を実現するための方式の1つとしてデジタル署名があります．

公開鍵暗号方式とハッシュ関数を組み合わせた技術で，データの発信元が確かに本人であることが確認できるものです．

送信者はメッセージにデジタル署名を添付して送信し，受信者は送信者の公開鍵でデジタル署名を復号します．メッセージ本体から割り出したハッシュ値と照合し，署名の検証を行いハッシュ値と復号した署名が一致すれば，メッセージは署名を行った本人によるもので，途中で改ざん等を受けていないことが確認できます．

照合結果が一致しない場合は，メッセージか署名のどちらかが通信途中で損なわれたか，第三者によって改ざんされたということになります．

●デジタル署名の手順

デジタル署名の手順は次のようになります．

1. 送信者は，自分の公開鍵を公開する．
2. 送信者は，送信データにハッシュ関数を適用しメッセージダイジェストを生成，生成されたメッセージダイジェストを自分の秘密鍵で暗号化する．（暗号化されたメッセージダイジェストがデジタル署名となります．）

3. 送信者は，データにデジタル署名を添付して送信する．
4. 受信者は，受信したデジタル署名を送信者の公開鍵で復号する．
5. 受信者は，受信したデータに同じハッシュ関数を適用し，生成されたメッセージダイジェストと，送信されたメッセージダイジェストを照合する．

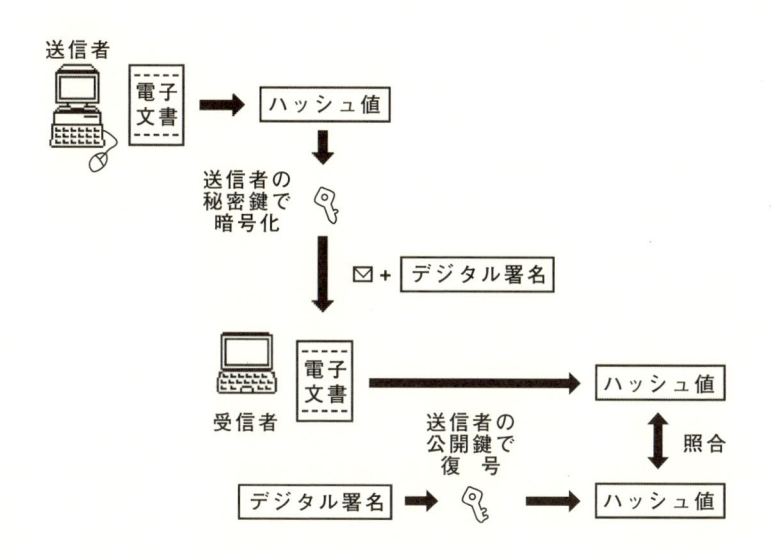

●ハッシュ関数（片方向暗号）

　ハッシュ関数は，可変長のデータからハッシュ値と呼ばれる固定長のデータを作成する関数です．一般的に逆変換できないため片方向暗号とも呼ばれています．

　非常に高速で，データの改ざんやデータの破損のチェックに使われます．

　具体的なハッシュ関数としては，MD5 があります．

7.14 なりすまし防止

- 本人のみが知る情報（Something You Know「知っていること」）
- 本人の持ち物（Something You Have「持っているもの」）
- 身体的な特徴（Something You Are）
- 認証局の利用

なりすましにあった場合は，ずさんなパスワード管理等が原因の場合，なりすまされた本人が損害を負担する責任を問われることがあります．

インターネットの多くの掲示板では認証を行わないために，比較的簡単に他人の名前やメールアドレスを使って投稿を行うことが可能で，なりすましの被害にあう場合があります．この場合，IPアドレス等まで完全に他人になりすますことは容易でないため，ちゃんと調査すれば，なりすましか否かの判断が可能な場合が，多くあります．

また，DoS攻撃等を目的として，発信元IPアドレスを偽装して，パケットを相手サーバに送り付ける行為もなりすましとみなされます．

相手サーバが返信を要求する際にしか，発信元IPアドレスは用いられないため，発信元IPアドレスが正しくなくとも，ネットワーク上でパケットが流通してしまいます．

これらを防ぐ方法として，本人のみが知る情報や本人の持ち物，身体的な特徴を利用して認証する方法があります．

また，認証には信頼のおける第三者の認証機関である，認証局を利用することも必要といえます．

●本人のみが知る情報（Something You Know「知っていること」）

パスワード，秘密鍵等を利用する方法です．

ただしパスワードは盗まれないようにする，推測困難なものを設定する等に注意する必要があります．

●本人の持ち物（Something You Have「持っているもの」）

スマートカード，ICカード等を利用する方法です．

紛失や，パスワードの漏えい，スキミング等に注意する必要があります．

●身体的な特徴（Something You Are）

生体認証やバイオメトリクス複合認証を利用する方法です．

身体的な特徴として認証に利用されるものとしては，指紋，虹彩や網膜，声紋，静脈，筆跡等があり，これらを利用します．

●認証局の利用

信頼のおける第三者の認証機関である認証局を利用する方法です．

認証局は，電子署名を行う人の本人確認を行う機関で，利用者からの申請および各種証明書等に基づいて本人確認を行い，利用者の鍵ペア（公開鍵と秘密鍵）を生成し，公開鍵と対応する秘密鍵の所有者（利用者）を結びつける電子証明書を発行します．

電子文書に電子署名を行うことによって，その電子文書の作成者を特定することが可能になり，その情報が改ざんされたものでないことを証明することができます．

認証局としては，日本ベリサイン，日本認証サービス等が有名です．

なお電子署名法では，認証業務のうち，安全性の高い電子署名について行われる認証業務を『特定認証業務』と定義しています．

演習問題

問1 クロスサイトスクリプティングによる攻撃へのセキュリティ対策はどれか．

〔2007 秋 ネット〕

ア OSのセキュリティパッチを適用することによって，Webサーバへの侵入を防止する．
イ Webアプリケーションで，クライアントに入力データを再表示する場合，情報内のスクリプトを無効にする処理を行う．
ウ WebサーバにSNMPプログラムを常駐稼動させることによって，攻撃を検知する．
エ 許容範囲を超えた大きさのデータの書込みを禁止し，Webサーバへの侵入を防止する．

問2 ソーシャルエンジニアリングに該当する行為はどれか． 〔2007 春 シスアド〕

ア OSのセキュリティホールを突いた攻撃を行う．
イ コンピュータウイルスを作る．
ウ パスワードを辞書攻撃で破ってコンピュータに侵入する．
エ 本人を装って電話をかけ，パスワードを聞き出す．

問3 緊急事態を装う不正な手段によって組織内部の人間からパスワードや機密情報を入手する行為は，どれに分類されるか． 〔2007 秋 シスアド〕

ア ソーシャルエンジニアリング　　イ トロイの木馬
ウ パスワードクラック　　　　　　エ 踏み台攻撃

問4 入力パスワードと登録パスワードを比較し利用者を認証する方法において，パスワードファイルへの不正アクセスによる登録パスワード盗用の防止策はどれか．

〔2007 春 シスアド〕

ア パスワードに対応する利用者IDのハッシュ値を登録しておき，認証時に入力された利用者IDをハッシュ関数で変換し，登録パスワードと入力パスワードを比較する．
イ パスワードをそのまま登録したファイルを圧縮した状態にしておき，認証時に解凍して，入力されたパスワードと比較する．
ウ パスワードをそのまま登録しておき，認証時に入力されたパスワードと登録内容をともにハッシュ関数で変換して比較する．

エ　パスワードをハッシュ値に変換して登録しておき，認証時に入力されたパスワードをハッシュ関数で変換して比較する．

問5 暗号化技術に関する記述のうち，適切なものはどれか． 〔2006 秋 シスアド〕
ア　公開鍵暗号方式による秘匿した通信を行うには，文書を復号するための鍵の配送が必要となる．
イ　データを暗号化して通信することによって，データの破壊と喪失を防止できる．
ウ　電子決済や電子マネーでの認証に使われるデジタル署名には，通常は公開鍵暗号方式が用いられる．
エ　不特定多数の相手とデータを交換するときには，共通鍵暗号方式が適している．

問6 100人の送受信者が共通鍵暗号方式で，それぞれ秘密に通信を行うときに必要な共通鍵の総数はいくつか． 〔2007 秋 ネット〕
ア　200　　　　　　　イ　4,950
ウ　9,900　　　　　　エ　10,000

問7 公開鍵暗号方式を用い，送受信メッセージを暗号化して盗聴されないようにしたい．送信時にメッセージの暗号化に使用する鍵はどれか． 〔2005 秋 ネット〕
ア　送信先の公開鍵　　　　イ　送信先の秘密鍵
ウ　送信元の公開鍵　　　　エ　送信元の秘密鍵

問8 文書の内容を秘匿して送受信する場合の公開鍵暗号方式における鍵の取扱いのうち，適切なものはどれか． 〔2007 春 基本〕
ア　暗号化鍵と復号鍵は公開してもよいが，暗号化のアルゴリズムは秘密にしなければならない．
イ　暗号化鍵は公開してもよいが，暗号化のアルゴリズムは秘密にしなければならない．
ウ　暗号化鍵は秘密にしなければならないが，復号鍵は公開する．
エ　復号鍵は秘密にしなければならないが，暗号化鍵は公開する．

問9　盗聴を防ぐためにデータの暗号化を行う公開鍵暗号方式の鍵の関係はどれか．

〔2005春 シスアド〕

	暗号化鍵と復号鍵の関係	暗号化鍵	復号鍵
ア	暗号化鍵 ≠ 復号鍵	公開	秘密
イ	暗号化鍵 ≠ 復号鍵	秘密	公開
ウ	暗号化鍵 = 復号鍵	公開	公開
エ	暗号化鍵 = 復号鍵	秘密	秘密

問10　デジタル署名に用いる鍵の種別に関する組合せのうち，適切なものはどれか．

〔2003春 シスアド〕

	暗号化に用いる鍵	復号用に用いる鍵
ア	共通鍵	秘密鍵
イ	公開鍵	秘密鍵
ウ	秘密鍵	共通鍵
エ	秘密鍵	公開鍵

問11　デジタル署名を利用する主な目的は2つある．1つは，メッセージの発信者を受信者が確認することである．もう1つの目的はどれか．　〔2005春 シスアド〕
　ア　署名が行われた後でメッセージに変更が加えられていないかどうかを，受信者が確認すること．
　イ　送信の途中でメッセージが不当に解読されていないことを，受信者が確認すること．
　ウ　発信者のIDを受信者が確認すること．
　エ　秘密鍵を返送してよいかどうかを受信者が確認すること．

問12　インターネットで公開されているソフトウェアにデジタル署名を添付する目的はどれか．　〔2006春 シスアド〕
　ア　ソフトウェアの作成者が保守責任者であることを告知する．

イ　ソフトウェアの使用を特定の利用者に制限する．
ウ　ソフトウェアの著作権者が署名者であることを明示する．
エ　ソフトウェアの内容が改ざんされていないことを保証する．

問13　認証局（CA）の役割はどれか．　　　　　　　〔2005 秋 シスアド〕
ア　相手の担保能力を確認する．
イ　公開鍵暗号方式を用いて，データの暗号化を行う．
ウ　公開鍵の正当性を保証する証明書を発行する．
エ　転送すべきデータのダイジェスト版を作成し，電子署名として提供する．

問14　公開鍵暗号方式を採用した電子商取引において，取引当事者から独立した認証局（CA）が作成するものはどれか．　　〔2004 春 シスアド〕
ア　取引当事者の公開鍵
イ　取引当事者の電子証明書
ウ　取引当事者のパスワード
エ　取引当事者の秘密鍵

コラム

巧妙化するインターネット詐欺

　インターネットを利用した詐欺は年々巧妙さを増しています。
　7.4節で出てきた，ワンクリック不当請求では，サイトへの入場ボタンを押すと，下のようなアニメーションを表示し，いかにも訪問者の情報を取得したように見せかけ，料金の請求を促すものもあります。

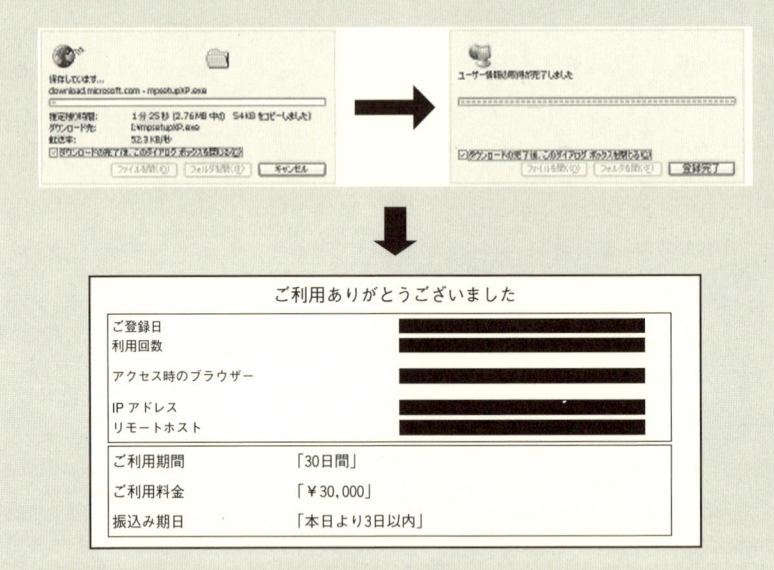

　また，サイトを表示しただけではすぐに請求画面を出さずに，アイドルの情報やお金儲けの情報を表示し，続きを見るために次のページへ進むと料金の請求画面が出てくるもの（ツークリック詐欺等と呼ばれる）まであります。インターネットを利用する際には，怪しげなボタンは不用意にクリックしない等の注意が必要です。

8. これからのネットワーク

この章では，今後普及すると思われる技術について学びます．

8.1 Web2.0

・明確な定義はない
・受動から能動へ
・新技術

●明確な定義はない

　Web2.0 には，明確な定義はありません．2005 年 11 月にティム・オライリー（Tim O'Reilly）氏が自身の論文「What Is Web 2.0」で発表してから注目されるようになりました．

> オライリー氏の論文の URL
> http://www.oreillynet.com/pub/a/oreilly/tim/news
> 　　/2005/09/30/what-is-web-20.html

●受動から能動へ

　Web2.0 については，いろいろなサイトでも解説されています．どのサイトでも書かれていますが，ユーザの行動が変わったように書かれています．今までは，インターネットを使って個人が情報発信をする場合，HTML 形式のファイルを公開したところで終わっていました．しかし，最近では weblog や SNS（Social Networking Service）のようなサービスを利用し，ユーザが相互に情報発信を行うことができるまでになりました．個人ユーザが情報発信することはとても簡単になり，積極的に情報発信する個人ユーザが増えています．

　ティム・オライリー氏は論文の中で，Web2.0 の特徴はユーザの利用するサービスが次の対応表のように変化したことだといっています．

Web 1.0		Web 2.0
DoubleClick	→	Google AdSense
Ofoto	→	Flickr
Akamai	→	BitTorrent
mp3.com	→	Napster
Britannica Online	→	Wikipedia
personal websites	→	Blogging
evite	→	upcoming.org and EVDB
domain name speculation	→	search engine optimization
page views	→	cost per click
screen scraping	→	web services
publishing	→	participation
content management systems	→	Wikis
directories (taxonomy)	→	tagging ("folksonomy")
stickiness	→	syndication

●新技術

　インターネットにかかわる技術は日々進化し，次々と新しい技術が生まれています．これらの新技術は今までの一方向型の情報配信から，ユーザ間の双方向型の情報共有という形に大きく貢献しています．身近な例としては，weblogのトラックバック機能や，ウィキペディア等があげられます．

8.2 LAMP

> ・Linux，Apache，MySQL，PHP の組合せ
> ・動的な Web コンテンツ

●Linux，Apache，MySQL，PHP の組合せ

　LAMP とは Web サーバを構成するプログラムの組合せのことです．**Linux，Apache，MySQL，PHP** を組み合わせて使用することで，その都度内容が変化する動的な表示を可能とする Web サーバの構築が可能です．

　このプログラムの組合せが代表的ですが，MySQL の代わりに PostgreSQL を使用した LAPP や，OS に Windows を使用した WAMP という組合せも存在します．

●動的な Web コンテンツ

　ここでいう動的な Web コンテンツとは，同じページであってもユーザの要求に応じて，データベースの検索結果を基に表示するページの内容が変わるものを指します．たとえば，検索エンジンと呼ばれている Google 等の Web ページも動的な Web コンテンツといえます．

　Flash や wmv 等の動画を公開しているページそのものを，動的なページと呼ぶこともあるようです．しかし，動的なページというと，前述のとおり，「ユーザの要求を元にデータベースを検索し，その結果をページに反映する」という定義のほうが一般的です．

8.3 Ajax

> ・Asynchronous JavaScript XML
> ・XMLHttpRequest
> ・非同期通信

● Asynchronous JavaScript XML

● XMLHttpRequest

　Ajax とは，**Asynchronous JavaScript XML** の略称です．2005 年 2 月 18 日に Jesse James Garrett 氏が書いた記事に初めて登場しました．

　Ajax の特徴は，JavaScript の組み込みクラスである，**XMLHttpRequest** を使うことです．一般的な Web ブラウザであれば，XMLHttpRequest を使うことができます．

● 非同期通信

　XMLHttpRequest を使用すると，ユーザがページの更新や submit ボタンを押すことなく Web ブラウザが自立的に Web サーバと通信できます．XMLHttpRequest はブラウザと Web サーバ間で XML ドキュメントを送受信し，それを元にダイナミック HTML によって動的にコンテンツの表示内容を変えることができます．これはユーザの挙動とは無関係なことから Ajax は非同期通信を行っているといえます．

　Ajax を使った機能の代表例としては，**Google Suggest** があげられます．テキストボックスに検索語句を入力する途中で検索語句の候補が表示されます．これは一文字ずつ入力するたびに Google のサイトへ検索語句の候補を問い合わせているためです．

Google Suggest
http://www.google.co.jp/webhp?complete=1&hl=ja

8.4 GigabitEthernet

・ツイストペアでも光ファイバでも
・1000 BASE-T
・1000 BASE-X

●ツイストペアでも光ファイバでも

　GigabitEthernet とは文字どおり，**1 Gbps** に対応する規格です．ツイストペア（UTP/STP）でも光ファイバでも Gigabit に対応させるために **IEEE 802.3ab** と **IEEE 802.3z** として策定されました．

●1000 BASE-T

　UTP，STP を使用する **1000 BASE-T** は既存の **10 BASE-T** や **100 BASE-TX** と**互換性**があります．1000 BASE-T 自体は IEEE 802.3ab として策定されました．4 対 8 芯すべての線を使い，各対でそれぞれ 250 Mbps の帯域幅を実現します．1000 BASE-T を利用するためには，カテゴリ 5 以上の UTP ケーブルと 1000 BASE-T に対応した機器が必要です．

●1000 BASE-X

　1000 BASE-X は IEEE 802.3z として策定されました．1000 BASE-X には **1000 BASE-CX**，**1000 BASE-SX**，**1000 BASE-LX** があります．

　1000 BASE-CX はシールドされた **2 芯平衡型同軸ケーブル**という特殊なケーブルを使います．ケーブルの最大長が **25 m** と短いため，サーバルーム等での使用に限定されることから現在ではほとんど使われていません．

　それに対し，1000 BASE-SX，1000 BASE-LX は**光ファイバ**を使うことでケーブルの最大長はそれぞれ **550 m**，**5 km** となっています．

1000 BASE-T，1000 BASE-X について表にすると，以下のようになります．

規格名	規格	レーザ波長	ケーブル種別	距離
1000 BASE-T	802.3ab	—	UTP/STP	100 m
1000 BASE-CX	802.3z	—	2芯同軸	25 m
1000 BASE-SX		850 nm	マルチモード光ファイバ	550 m
1000 BASE-LX		1300 nm	マルチモード光ファイバ	550 m
		1300 nm	シングルモード光ファイバ	5000 m

1000 BASE-LX については，マルチモード光ファイバとシングルモード光ファイバのそれぞれを使用することができます．シングルモードとマルチモードの違いにより，距離が変わります．

8.5 SISO と MIMO

- ワイヤレス LAN のアンテナにかかわる規格
- SISO（Single In Single Out）
- MIMO（Multiple Input Multiple Output）
- IEEE 802.11n

●ワイヤレス LAN のアンテナにかかわる規格

SISO（Single In Single Out）も MIMO（Multiple Input Multiple Output）もどちらもワイヤレス LAN のアンテナにかかわる規格です．従来の方式では SISO を採用していて，近年 MIMO 方式を採用する製品が市販されています．

MIMO は IEEE 802.11n に採用され，無線 LAN の高速化に貢献しています．

●SISO（Single In Single Out）

SISO は従来のアンテナ方式です．入出力のアンテナはそれぞれ 1 本だけ使います．障害物による電波の反射により，最新規格の IEEE 802.11g でさえも実効速度は約 20 Mbps に留まっています．

●MIMO（Multiple Input Multiple Output）

SISO がアンテナを 1 本だけ使うのに対し，MIMO では複数（2 or 4）のアンテナを同時に使います．**複数のアンテナに同時に同じ周波数の電波を流し**，その上，障害物で反射した電波も使うことで**通信の高速化，安定化**を図っています．

●IEEE 802.11n

MIMO は IEEE 802.11n に採用されましたが，802.11n 自体が 2007 年 11 月末現在ではドラフト 2.0 の状態で，正式に標準化されたわけではありません．周波数帯は 2.4 GHz と 5 GHz の両方を使います．

802.11n の制定は 2008 年下半期の予定となっています．ドラフト 2.0 では理論値としての最大値は 540 Mbps ですが，国内の製品としては理論値の最大値が 300 Mbps に留まっています．

8.6 UWB(Ultra Wide Band)

- ・元々は米軍が軍事利用を目的として開発
- ・非常に広い範囲の周波数帯域を使用
- ・低消費電力
- ・ワイヤレス USB として利用される
- ・位置特定能力が非常に高性能

●元々は米軍が軍事利用を目的として開発

UWB（Ultra Wide Band）は元々米軍が軍事利用を目的として開発した無線技術です．インターネットの元になった ARPANET や，GPS も軍事利用を目的として開発された技術が元になっています．

●非常に広い範囲の周波数帯域を使用

●低消費電力

UWB の特性として，数 GHz の非常に広い範囲の周波数帯域を使用することと，ごく短時間にごく弱い電波を送信することで低消費電力を実現している点があげられます．

●WirelessUSB として利用される

数メートルの距離ならば実測値で約 40 Mbps（理論値は 480 Mbps）と高速に動作します．製品としてはワイヤレス USB ハブが数種類市販されています．

●位置特定能力が非常に高性能

UWB は位置特定能力が非常に高いという特性も併せ持っています．GPS より高い精度を利用し，室内 GPS やレーダ，さらに磁気共鳴画像診断装置（MRI）等への利用も検討されています．

UWB は IEEE 802.15.3a として標準化を検討されていましたが，2006 年 1 月に標準化作業は頓挫してしまいました．

8.7 ホームネットワークと情報家電

- ・DLNA（Digital Living Network Alliance）
- ・PLC
- ・IPv6 での LAN

●DLNA（Digital Living Network Alliance）

ホームネットワーク，それは**家庭内 LAN** そのものを指す言葉として使われます．5 年ほど前までは，複数の PC をハブでつないでインターネットへの回線を共有するだけでした．しかし，最近では**ネットワークへの接続に対応した家電製品**（特に AV 機器）が販売されるようになり，それら情報家電も家庭内 LAN に接続できるようになりました．例をあげると HDD レコーダで録画したものを PC で見たり，逆に PC に保存されている jpg 画像をテレビの画面で見ることができる等です．

情報家電をネットワーク化する時に家電メーカが独自のプロトコルを使用すると同一メーカでしか接続できなくなります．それは消費者にもメーカにもデメリットが多いことです．そこで，PC メーカや家電メーカは，業界標準を策定する団体を作り，PC や家電といった異なる機器間でもコンテンツを共有するためのガイドライン（プロトコルと呼んでよいでしょう）を策定しました．この団体名が **DLNA**（**Digital Living Network Alliance**）です．

DLNA が策定したガイドラインも DLNA と呼びますが，こちらには後ろにバージョン番号をつけるのが一般的です．最新版は 2006 年 3 月に発表された，DLNA 1.5 です．（正式には DLNA Networked Device Interoperability Guidelines（March 06））

Digital Living Network Alliance: Home
http://www.dlna.org/jp/industry/
DLNA：Japanese Consumer Site：
　　　　簡単快適ホームネットワークを実現する DLNA
http://www.dlna.org/jp/consumer/home

●PLC (Power Line Communications)

PLCは，屋内の電力線を通信媒体とする技術です．2007年11月末現在では法令により宅内のみの使用が認められています．

仕組みはPLCモデムと呼ばれる機器（メディアコンバータと同等）を使ってRJ-45とコンセントの変換を行います．電力線（コンセント含む）は各部屋にすでに備わっているものがそのまま利用できるため，LANを構築するためにわざわざケーブルを配線する必要がありません．また，無線LANのように電波が届かないと使えないということもないので，新たな通信方式として注目されています．

問題点としては，アマチュア無線で使用する周波数帯とPLCが使う周波数帯が重なっているため，高速PLCの事業許可取り消しを求める行政訴訟が起きている点です．

また，**分電盤を超える**と（家の1階，2階等）通信できなくなる可能性があります．さらに，PLCには現在 **HD-PLC**，**HomePlug AV**，**UPA** という3種類の規格が混在している上にそれぞれの**規格には互換性がありません**．

PLCモデムを購入する際には，**すべての機器**について3種類の規格のうち，どれか1つに決定する必要があります．

●IPv6でのLAN

家庭内LANに情報家電が増えると容易に予想される将来において，IPv4アドレスの枯渇問題は避けられる問題ではありません．ほぼ無限に使用できるIPv6アドレスが普及して初めて情報家電は普及するといってよいでしょう．

IPv4アドレスの時に行っていた，いわゆる「**NAT越え**」はIPv6アドレスを使用すると事実上不要となります．設定が面倒であったNAT越えの必要がなくなることから，今まで以上に外から家庭内LANの情報家電へのアクセスが容易になります．情報家電の普及にはIPv6アドレスの普及が必要不可欠といっても過言ではありません．

コラム

NGN(Next Generation Network)

　NGN（Next Generation Network）は**次世代ネットワーク**と訳されます．
　NGN が当初掲げていた構想は，固定電話，携帯電話，インターネットのそれぞれがもっているネットワークを，TCP/IP を使用する1つのネットワークにまとめた上で通信させようというものでした．
　NGN については ITU-T 等の団体で標準化が勧められています．日本では NTT 東日本，西日本の両社が商用サービスとしての NGN を勧めています．2008年2月27日付の NTT 東日本からのニュースリリースによると，2008年3月末に NGN フィールドトライアルを実施したエリアでの商用サービスが開始されるそうです．
　しかし，2007年11月に行われた NTT の中長期決算発表の席で，「NGN はフレッツの後継」との発表がなされる等，日本における NGN の方向性はいまだに不透明といえます．しかし，NGN は文字どおり「これからのネットワーク」であるといえます．

演習問題 「正解と解説」

1．コンピュータネットワーク

問1 ア
　IPv6は，IPv4のアドレス不足を解消するために生まれてきました．IPv4は32ビット（約42億個のアドレス），IPv6は128ビット（天文学的個数のアドレス）となっています．

問2 イ
　ISDN回線を使ってインターネットに接続するには，ダイヤルアップ接続となります．ダイヤルアップルータは，インターネットに接続後はルータとして働いてくれます．

問3 イ
　NIC（ネットワークインタフェースカード）は，LANカードのことです．トランシーバは，ケーブルとパソコンを接続するための機器です．したがって，IPアドレスは必要ありません．

問4 イ
　ADSLモデムとスプリッタはADSLを利用する際に必要となります．モデムは，アナログの一般電話回線を利用する際に必要となります．ターミナルアダプタ（TA）は，ISDNに対応していないパソコンをISDNに接続する場合に必要となります．

問5 ア
　ADSLの"A"は"Asymmetric"非対称という意味です．上り（アップロード）と下り（ダウンロード）の速度が異なるところから名前がつけられました．

問6 イ
　グローバルアドレスは，世界中でただ1つのアドレスです．日本での割り当ては，JPNICが管理しています．アはサブネットマスク，ウはプライベートアドレスに関する記述です．

問7 ウ
　プリントサーバには，プリンタを共有する設定が必要となります．

問8 ア
　ISDNの基本インタフェースは，「2B＋D」で表されます．Bチャネルは64kbps，Dチャネルは16kbpsです．電話とインターネットが同時にできるのは，Bチャネルが2本あるからです．

186　演習問題「正解と解説」

問9　ア
　ルータは，ネットワーク層レベルで接続を行う接続機器です．イは物理層レベル，ウはデータリンク層レベル，エは MAC アドレスを理解できるレベルなのでデータリンク層レベルと考えることができます．

問10　イ
　パソコンの区別は IP アドレスで行います．そして，パソコン内のサービスの区別はポート番号で行います．

問11　ウ
　モデム（MODEM）は，変復調装置とも呼ばれる DCE レベルの機器です．パソコンのデジタル信号と電話回線のアナログ信号との変換を行います．

問12　イ
　スプリッタは，データ用のデジタル信号と電話用のアナログ信号の分離・合成を行います．このおかげで，電話中であってもインターネットの利用ができることになります．

問13　ア
　ISDN の基本インタフェースの伝送速度は，B チャネルが 64kbps，D チャネルが 16kbps となっています．これに対して，一次群速度インタフェースでは，B チャネル，D チャネルともに 64kbps となっています．

2．LAN（ローカルエリアネットワーク）

問1　エ
　光ファイバケーブルは，ガラスやプラスチックでできていて，電磁的なノイズがのらないため，長距離伝送が可能となっています．また，同軸ケーブルやツイストペアケーブルに比べ，大容量の伝送ができます．

問2　イ
　CSMA/CD 方式では，伝送媒体を早い者勝ちで使うことができます．衝突が起こることも考慮されていて，万一衝突が起こった場合は，しばらく時間を置いてから再送を行います．

問3　ウ
　トークンリングは，トークンパッシング方式を採用しています．したがって，データを送る場合は，まず送信権である"トークン"を手に入れる必要があります．

問4　イ
　それぞれの最大セグメント長は，10BASE2 が 185m，10BASE5 が 500m，10BASE-T と 100BASE-TX が 100m です．

演習問題「正解と解説」 *187*

問5 ア
　ルータはIPアドレスを見てルーティングを行います．ルーティングで参照されるアドレスは，宛先のアドレスです．

問6 イ
　スイッチングハブは，第2層（データリンク層）レベルで接続を行う機器です．MACアドレスを学習する機能とフィルタリング機能をもっています．

問7 エ
　無線LANでは，データの衝突をさける方法がとられています．また，有線LANとも接続ができるため，ネットワーク構成の自由度が広がっています．無線LANの魅力は，何といってもケーブルが必要ないところでしょう．

問8 ウ
　ルータは，コリジョンドメイン，ブロードキャストドメインともに分割することができます．

問9 イ
　CDMAは「符号分割多元接続」のことで，携帯電話で使われる通信方式の1つです．FDMAは「周波数分割多元接続」のことで，無線通信の多重化方式の1つです．

問10 イ
　LANケーブルに使われているツイストペアケーブルは，ケーブル内の対のピッチも均一にしないでずらしてあります．こうすることで，ノイズが強調されるのを防いでいます．1000BASE-TXでは，カテゴリ6のUTPケーブルを使用し，一対のより線で500Mbpsの伝送速度を実現します．

問11 ウ
　無線LANは，電波や赤外線を使用するため，セキュリティ対策が必要となります．また，電波等の周波数帯域や出力は電波法で決められていて，どこまででも飛ばしていいというわけではありません．

問12 エ
　SSIDはアクセスポイントの識別子，SSLは「Secure Socket Layer」の略称でデータを暗号化して送受信する方法，WAPは「Wireless Application Protocol」の略称で携帯電話等携帯端末用の通信プロトコルです．

問13 イ
　FDDIは，トークンパッシング方式を採用した二重リングのLANです．

問14 ア
　CSMA/CDは，衝突を考慮した通信制御方式で衝突が多くなるとスループットは急激に下がります．TDMAはタイムスロットと呼ばれる時間を割り当てるため，衝突は発生しません．

3．通信プロトコル

問1　ウ
　物理層レベルでの接続はハブ，データリンク層レベルでの接続はスイッチ，ネットワーク層レベルでの接続はルータです．

問2　ア
　トランスポート層以上のレベルで接続を行うのはゲートウェイです．

問3　ウ
　IPはネットワーク層，TCPはトランスポート層のプロトコルです．

問4　エ
　リモートコントロールができるプロトコルはTELNETです．

問5　イ
　"ping"は，ICMPの「エコー要求」と「エコー応答」を利用したものです．

問6　ウ
　トランスポート層の機能は，足りない品質を補うところです．ア，エはネットワーク層，イはデータリンク層の機能です．

問7　ウ
　FTPはファイル転送用のプロトコル，SMTPは電子メール転送用のプロトコルです．HTMLはタグを使って記述する言語ですが，タグはユーザが定義することはできません．

問8　エ
　アドレス欄に言葉（ドメイン名等）を入力することで，見たいホームページを見ることができるのは，DNSのおかげです．

問9　ア
　ARPは「アドレス変換プロトコル」と訳されますが，IPアドレスからMACアドレスを得るためのプロトコルです．

問10　イ
　UDPとTCPのヘッダに共通なものは，『ポート番号』と『チェックサム』です．TCPのヘッダには，『シーケンス番号』，『確認応答番号』，『ウィンドウサイズ』等，信頼性を確保するものが含まれています．

問11　ア
　リピータは物理層での中継，ブリッジはデータリンク層での中継，ルータはネットワーク層での中継を行う装置です．

問12　ア
　最も利用者に近い層はアプリケーション層です．ウはトランスポート層，エはデー

タリンク層に関する記述です．

問13 ア

HDLCはWANで利用される伝送制御手順の1つで，信頼性が高いプロトコルです．

問14 ア

LDAPはLightweight Directory Access Protocolの略称で，ディレクトリデータベースにアクセスするためのプロトコルです．

問15 イ

スイッチングハブは，データリンク層レベルの機能で動作する装置です．

問16 イ

CSMA/CDは，TCP/IPではネットワークインタフェース層に該当するプロトコルです．ネットワークインタフェース層は，OSIではデータリンク層と物理層に当たるため，最上位層はデータリンク層になります．

問17 ア

CGIはCommon Gateway Interfaceの略称で，Webサーバ側でプログラムを実行して結果を返すためのインタフェースを指します．MIMEはMultimedia Internet Message Exchangeの略称で，電子メールでマルチメディアデータを転送する技術です．URLはUniform Resource Locatorの略称で，インターネット上の場所を示す言葉を使ったアドレスのことです．

問18 イ

DHCPは，IPアドレス等を一時的に自動で割り当てるプロトコルです．ICMPは，IPをサポートするプロトコルで，IPと同じネットワーク層に該当します．NTPはNetwork Time Protocolの略称で，ネットワークを使って時間を調整するプロトコルです．

4. IPアドレス

問1 ウ

第3オクテットが取り得る10~58のうち，上位ビットが変わらないのは2ビットです．第1，第2オクテットの16ビットと第3オクテットの変化しない2ビットを足した18ビットが集約後のプレフィックス長です．

問2 イ

サブネットマスクの値が255.255.255.224であるので，第4オクテットの上位3ビットはサブネット部であることがわかります．IPアドレスの第4オクテットの90からサブネット部にあたる128，64，32のうち，64を引くと26が得られます．

演習問題「正解と解説」

問3　エ

4つのサブネットを識別するためには最低2ビットをサブネット部に譲る必要があります。ホスト部の上位ビットから順にサブネット部へ譲るので答えはエ以外ありません。

問4　ウ

64, 80, 96, 112を2進数に変換し、上位ビットの共通部分を探すと、上位2ビットが共通であることがわかります。集約はネットワークアドレスの共通部分を抜き出すことです。/16, /17では10.8.32.0/20等の未使用のネットワークアドレスも集約してしまいますし、10.8.0.0/19では10.8.64.0/20, 10.0.80.0/20の2つのネットワークしか集約できません。

問5　エ

マルチキャストアドレスは第1オクテットの値が224～255です。

問6　ウ

	ネットワークアドレス	サブネットマスク	管理ホスト数
B	172.16.1.32	255.255.255.224	30
D	172.16.1.64	255.255.255.192	62
A	172.16.1.128 以降		
C	172.16.1.224	255.255.255.252	2

上記の表から、セグメントAのネットワークアドレスは172.16.1.128以降であればよいことがわかります。しかし、イのサブネットマスクの値が255.255.255.128では管理ホスト数は126台となり、セグメントCの範囲と重なります。

問7　イ

プレフィックス長が28であることから、ホスト部は4ビットであることがわかります。ホスト部のビットがオール1がブロードキャストアドレスですから、ネットワークアドレスの第4オクテットの192に15を足した207がブロードキャストアドレスの第4オクテットの値となります。

問8　イ

クラスBアドレスのホスト部は2オクテットですから16ビットとなります。

問9　エ

ホスト部の16ビットのうち、8ビットを譲り受けたので、256個のサブネットを作成可能ですが、問題文よりオール0, オール1のものは除外するので、256－2＝254となります。

問10　ア

デフォルトのサブネットマスクを使うということは、クラスフルアドレスを使うと

いうことですので，ネットワーク部は2オクテットです．ネットワークアドレスは，ホスト部のビットがオール0のものです．

問11　ウ

5つのサブネットと，1サブネットで20台のホストを管理するためには，サブネットマスクは255.255.255.224しかありません．

問12　ア，オ

サブネットマスクのビットパターンと，オクテットのビットパターンにはまったく関係はありません．

問13　ウ

ホスト部は4ビットであることから16通りのビットパターンがあります．しかし，ネットワークアドレスとブロードキャストアドレスのため，オール0とオール1のビットパターンはホストに割り振ることができません．16−2＝14．

問14　イ

サブネット部のために譲り受けたビットは3ビットであることから，8個のサブネットを作成可能です．しかし，問題文の但し書きから2つ分差し引いた，6つが答えとなります．

問15　ネットワークアドレス　イ

　　　　ブロードキャストアドレス　ウ

まず最初にネットワークアドレスを求めましょう．プレフィックス長が27であることから，第4オクテット上位3ビットがサブネット部です．54を2進数に変換した00110110とサブネットマスクの11100000をAND演算した結果が，ネットワークアドレスとなります．ゆえに202.224.32.32がネットワークアドレスとなります．ブロードキャストアドレスはホスト部のビットがすべて1ですから，32に31（00011111）を足したものとなりウの202.224.32.63となります．

問16　ア

単純な暗記問題です．グローバルユニキャストアドレスは以下のようにプレフィックスが決められています．

　　2001::/16　　　　　　―IPv6インターネット（ISP等に割り当てられる）
　　2002::/16　　　　　　―6to4 移行メカニズム（v6をv4でカプセル化）
　　2003::/16～3FFD::/16　―未割り当て
　　3FFE::/16　　　　　　―6bone（IPv6の技術研究用ネットワーク）

リンクローカルアドレスのプレフィックスはFE80::/10であり，マルチキャストアドレスのプレフィックスはFF00::/8です．

5. ルーティング

問1 ア
　BGP以外のルーティングプロトコルはIGPsと呼ばれる，AS内部で動作をするルーティングプロトコルです．

問2 イ
　アはRIP，ウはEIGRP，エはOSPFです．

問3 エ
　RIPv2ではVLSMのサポートの他，認証機構もサポートされました．

問4 ア
　他のルーティングプロトコルとは異なり，ASを意識しません．

問5 ア，イ，エ
　IGRP，EIGRPでは上記のすべてを，OSPFでは帯域幅を使用します．

問6 ア，ウ，エ
　RIPはディスタンスベクタ型，EIGRPはハイブリッド型，OSPFはリンクステート型のルーティングプロトコルです．

問7 イ，オ
　データそのものを定義しているのが，ルーテッドプロトコルです．

問8 エ，オ
　OSPFはTCP/IPのプロトコルスイートに準拠し，IS-ISはOSI参照モデルに準拠しているリンクステート型のルーティングプロトコルです．

問9 ア，ウ
　IGRPはCisco独自のルーティングプロトコルです．

問10 イ
　経路情報にパス属性（パスアトリビュート）を付けることから，パスアトリビュート型ルーティングプロトコルとも呼ばれます．

問11 イ，オ，ウ，エ，ア
　直接接続：0，静的ルート：1，EIGRP：90，OSPF：110，RIP：120となります．

問12 エ
　経由したルータの個数をホップ数と呼んでいます．

問13 ア，ウ，エ
　アのコマンドでルーティングプロトコルの設定モードに入り，ネイバーのルータにアドバタイズするネットワーク（直接接続しているネットワーク）をnetworkコマンドで設定します．イのコマンドは静的ルートを設定するコマンドです．

問14　イ，エ
　　OSPFはリンクステート型のルーティングプロトコルです．ルーティングアップデートはLSAとしてDR，BDRにのみ送信され，DRから全ルータへアップデートが通知されます．

6. インターネットの技術

問1　ア
　　ADSLは，既存の電話回線（ツイストペア線）を利用して，高速データ伝送を行います．上り下りの速度が異なる伝送方式で，電話音声とデータの分離にはスプリッタを用い，電話音声とデータは違う周波数を使って伝送しています．光ファイバケーブルを使うサービスはFTTHです．

問2　イ
　　ADSLでは音声信号（低周波の信号）とデータ用の信号（高周波の信号）が同じ回線の中を流れてきます．このため，この信号をそれぞれ電話機とADSLモデムとに分ける必要があり，そこに使用されるのがスプリッタです．
　　モジュラジャック（電話回線の端子）の直後にスプリッタを接続し，そこから電話機用とADSLモデム用にそれぞれケーブルをつなぎます．

問3　ウ
　　HTTPはWebサーバとクライアント（Webブラウザ等）がデータを送受信するのに使われ，HTML文書や文書に関連付けられている画像，音声，動画等のファイルを，表現形式等の情報を含めてやり取りすることができます．

問4　エ
　　同じ宛先に送ったメールでも，回線の混雑状況等により，異なる経路を通って到達する場合があります．このため，到着順序が変わることがあります．

問5　エ
　　メールサーバは24時間稼動しているため，電話と違い相手が不在の場合でもメールボックスに格納されるので，相手の時間的な都合を考えずに送ることができます．受け取る側も自分の都合で受信し内容を見ることができます．

問6　ア
　　メールの送受信において，送信側と受信側で同じプロバイダや回線速度である必要はなく，パソコンと携帯電話でメールのやり取りをするといったことも可能です．

問7　ア
　　MIME（Multipurpose Internet Mail Extentions）は，電子メールで，各国語や画像，音声，動画等を扱うための規格で，画像のようなバイナリデータをASCII文字列に

変換(エンコード)する方法や,データの種類を表現する方法等が規定されています.

インターネットの電子メールでは,基本的には英数字しか送ることができませんが,MIMEによっていろいろな形式のデータが送信できるようになります.

問8 エ

SMTP(Simple Mail Transfer Protocol)は,電子メールを送信するために利用するプロトコルです.

サーバ間でのメールをやり取りしたり,クライアントがサーバにメールを送信する際に用いられます.

POP3(Post Office Protocol version3)は,電子メールをメールサーバからクライアントに受信するために利用するプロトコルです.SMTPとセットで利用されます.

問9 ウ

クライアントがサーバのメールボックスから電子メールを取り出すときに使われるものはPOPです.

問10 エ

MIMEは,電子メールで各国語や画像,音声,動画等を扱うための規格です.

問11 エ

SMTPは,電子メールを送信するために利用するプロトコルです.サーバ間でのメールのやり取りや,クライアントがサーバにメールを送信する際に用いられます.

問12 エ

メールの内容の機密性を高めるために用いられるプロトコルは,S/MIMEです.

S/MIMEは,電子メールの暗号化方式の1つで,MIMEを暗号化します.

問13 イ

メールサーバからメールを受信するプロトコルとしては,POP3,APOP,IMAP4等があります.

このうち,タイトルや発信者の一覧等の情報を確認した後,必要なメールだけを選び受信することができるのは,IMAP4です.

なお,APOP(Authenticated Post Office Protocol)は,電子メールの受信の時に使われるパスワードを暗号化する認証方法です.

7. インターネットのセキュリティ技術

問1 イ

クロスサイトスクリプティング攻撃とは,複数ページにまたがるスクリプトがあった場合,ブラウザがそのスクリプトを別のページでも反映させてしまい,その結果Cookie漏えいやファイル破壊等ユーザに意図しない結果をもたらす可能性があり,

この脆弱性を狙った攻撃です．

防御策としては，Webページに危険をもたらす可能性のある文字を置換・除去するスクリプトを埋め込んだり，ブラウザの設定でスクリプトを無効にすること等があげられます．

問2 エ

ソーシャルエンジニアリングとは，ネットワークへの不正侵入を目的に，物理的（詐欺的）な方法でIDやパスワードを盗み出すことです．

本人を装って電話をかけ，パスワードを聞き出すことはソーシャルエンジニアリングに該当します．

問3 ア

緊急事態を装うような不正な手段により，組織内部の人間からパスワードや機密情報を聞き出す行為はソーシャルエンジニアリングに該当します．

問4 エ

パスワードは利用者の認証を行う上で重要なデータで，もし，パスワードが記録されたファイルを悪意のある第三者に知られると，システムに大きなダメージを受けることになります．このため，パスワードファイルを見ることができても，パスワードがわからないようにするためにパスワードのデータを暗号化する等の対策が必要になります．

問5 ウ

電子署名を実現するための方式の1つとしてデジタル署名があります．デジタル署名は，公開鍵暗号方式とハッシュ関数を組み合わせた技術で，データの発信元が確かに本人であることの確認ができるものです．

問6 イ

100人の送受信者が共通鍵方式でそれぞれ秘密に通信するのですから，$(100 \times 99) \div 2 = 9900 \div 2 = 4950$の鍵が必要になります．

問7 ア

公開鍵暗号方式で，暗号文を作り出す鍵は公開鍵と呼ばれます．通信相手に知らせる鍵としてインターネット上でもやりとり可能で，だれでもこの公開鍵で暗号文の作成が可能です．

送信先の公開鍵を使って文書を暗号化し，鍵を公開している人に暗号化した文を送ります．

暗号文の受け手は，公開鍵とペアになっている本人だけがわかる秘密鍵で復号します．

問8 エ

問題において，暗号化鍵は公開鍵，復号鍵は秘密鍵のことを指しています．公開鍵

暗号方式では，暗号化鍵を公開し，復号鍵は秘密にしておきます。

問9 ア

　公開鍵暗号方式では，暗号化鍵と復号鍵は別のものになります。暗号化鍵を公開し，復号鍵は秘密にしておきます。

問10 エ

　デジタル署名は，データの発信元が確かに本人であることの確認のために用います。
　送信者は本人であることを証明するために本人しか知らない秘密鍵で文書を暗号化し，受信者のだれでもが送信者が本人であることを確認できるように送信者の公開鍵で復号します。

問11 ア

　デジタル署名は，データの発信元が確かに本人であることの確認のために用います。また，作成された電子文書に対する改ざんが行われていないことを証明するためにも使われます。
　送信者から送られたメッセージを受信者が復号し，このとき，ハッシュ値と復号した署名が一致すれば，メッセージは確かに署名を行った本人からのものであること，途中で改ざん等を受けていないことが確かめられます。また，一致しない場合は，メッセージか署名のどちらかが通信途中で損なわれたか，第三者によって改ざんされていることになります。

問12 エ

　デジタル署名は，データの発信元が確かに本人であることの確認のために用います。また，作成された電子文書に対する改ざんが行われていないことを証明するためにも使われます。
　ソフトウェアにデジタル署名を添付するのも同じ理由からで，ソフトウェアが改ざんされていないことを保証する目的でデジタル署名を添付します。

問13 ウ

　認証局は，利用者からの申請および各種証明書等に基づいて本人確認を行い，利用者の鍵ペア（公開鍵と秘密鍵）を生成し，公開鍵と対応する秘密鍵の所有者（利用者）を結びつける電子証明書を発行します。

問14 イ

　認証局は，利用者の鍵ペア（公開鍵と秘密鍵）を生成し，取引当事者の電子証明書を発行します。

参 考 文 献

- CCNA認定ガイド　第4版
  　Todd Lammle 著　生田りえ子／井早優子 訳　日経BP社
- 改訂版　基本情報図解テキスト3　ネットワークと情報社会
  　NEC Eラーニング事業部【編】　日本経済新聞社
- 2007年版　初級シスアド標準教科書
  　早川芳彦・新田雅道・岩田儀一著　オーム社
- 完全理解 TCP/IP ネットワーク
  　戸根　勤 著　日経バイト編　日経BP社
- 情報処理技術者試験過去問題（基本情報，初級シスアド，ネットワーク）

参考サイト

http://121ware.com/support/pc/yougo/03_ei/ei159.htm

http://ash.jp/sec/encrypt.htm

http://e-words.jp/

http://e-words.jp/w/E38396E383AAE38383E382B8.html

http://e-words.jp/w/E383AAE38394E383BCE382BF.html

http://e-words.jp/w/IEEE.html

http://e-words.jp/w/IETF.html

http://e-words.jp/w/MIMO.html

http://e-words.jp/w/OS.html

http://e-words.jp/w/SSID.html

http://e-words.jp/w/VLAN.html

http://e-words.jp/w/WEP.html

http://itpro.nikkeibp.co.jp/

http://ja.wikipedia.org/wiki/%E3%83%84%E3%82%A4%E3%82%B9%E3%83%88%E3

83%9A%E3%82%A2%E3%82%B1%E3%83%BC%E3%83%96%E3%83%AB#.E3.82.AB.E3.83.86.E3.82.B4.E3.83.AA

http://ja.wikipedia.org/wiki/IEEE802.11#IEEE_802.11n

http://kaden.yahoo.co.jp/dict/?type=detail&id=3039

http://rfc-jp.nic.ad.jp/what_is_ietf/ietf_abstract.html

http://techon.nikkeibp.co.jp/article/WORD/20060313/114705/

http://www.atmarkit.co.jp/fsecurity/dictionary/indexpage/securityindex.html

http://www.biz6.jp/index.html

http://www.cisco.com/japanese/warp/public/3/jp/service/tac/12_yougo.shtml

http://www.jipdec.jp/

http://www.keyman.or.jp/3w/prd/98/30001298/?vos=nkeyadww10000987

http://www.microsoft.com/japan/technet/default.mspx

http://www.nic.ad.jp/ja/

http://www.npa.go.jp/cyber/

http://www.n-study.com/

http://www.soumu.go.jp/joho_tsusin/security/index.htm

http://www5e.biglobe.ne.jp/~aji/30min/index.html

http://y-kit.jp/inet/page/network.htm

http://yougo.ascii24.com/gh/

索引

【欧文】

2進数 *12*
16進数 *13*
1000 BASE-CX *178*
1000 BASE-LX *178*
1000 BASE-SX *178*
1000 BASE-T *178*

ABR(Area Border Router) *104*
AD(Administrative Distance) *95*
AD(Advertised Distance) *109*
ADSL(Asymmetric Digital Subscriber Line) *8*
Advertise *94*
Ajax *177*
APOP(Authenticated Post Office Protocol) *130*
ARP(Address Resolution Protocol) *50*
AS(Autonomous System) *97*
ASBR(Autonomous System Boundary Router) *104*
ATM(Asynchronous Transfer Mode) *27*
ATM-LAN *37*
ATM方式 *27*
Availability *148*

BCC(Blind Carbon Copy) *129*
BDR(Backup DR) *103*
BGP(Border Gateway Protocol) *110*
BGPスピーカ *110*
BGPピア *110*
BOT *145*
Bps *15*

CATV(CAble TeleVision) *9*
CC(Carbon Copy) *129*
CIDR(Classless Inter-Domain Routing) *68*
CIDR表記 *68*
Confidentiality *148*
CSMA/CA(Carrier Sense Multiple Access with Collision Avoidance) *31*
CSMA/CD方式 *26*

DCE(Data Circuit-terminating Equipment) *9*
DDos攻撃 *144*

DHCP(Dynamic Host Configuration Protocol) *51*
Dijkstra *102*
DLNA(Digital Living Network Alliance) *182*
DMZ(DeMilitarized Zone) *158*
DNS(Domain Name System) *126*
Dos攻撃 *144*
DR(Designated Router) *103*
DTE(Data Terminal Equipment) *9*
DUAL(Diffusing Update Algorithm) *108*

EGPs *97*
EIGRP(Enhanced IGRP) *108*
E-mail *126*
ES(End System) *106*
ES-IS *106*
Ethernet *28*
EUI-48 *83*
EUI-64 *83*

FD(Feasible Distance) *109*
FDDI *37*
FLSM(Fixed Length Subnet Mask) *73*
FP(Format Prefix) *85*
FTP(File Transfer Protocol) *126*
FTTH(Fiver To The Home) *9*

HD-PLC *183*
HomePlug AV *183*
HTTP(Hyper Text Transfer Protocol) *127*
HTTPS(Hyper Text Transfer Protocol Security) *127*

ICANN *120*
ICMP(Internet Control Message Protocol) *50*
IEEE(Institute of Electrical and Electronics Engineers) *11*
IEEE 802.3 *28*
IEEE 802.3 ab *178*
IEEE 802.3 Z *178*
IEEE 802.11 *7*
IEEE 802.11 a *30*
IEEE 802.11 b *30*
IEEE 802.11 g *30*
IEEE 802.11 n *30, 180*

IETF(Internet Engineering Task Force)　120
IGPs　97
IGRP(Interior Gateway Routing Protocol)　100
IMAP 4(Internet Message Access Protocol version 4)　130
Integrity　148
Integrated IS-IS　106
IPv6 アドレス　82
IP アドレス　16, 60
IP マスカレード　80
IS(Intermediate System)　106
ISDN(Integrated Services Digital Network)　8
IS-IS　106
ISO(International Organization for Standardization)　11
ITU(International Telecommunication Union)　120

JPNIC　121
LAMP　176

LAN(Local Area Network)　6
LSA(Link State Advertisement)　103
LSU(Link State Update)　103

MAC アドレス　17
MAC アドレスフィルタリング　30
MIME(Multipurpose Internet Mail Extentions)　130
MIMO(Multiple Input Multiple Output)　180
MODEM　8

NAPT(Network Address Port Translation)　81
NAT(Network Address Translation)　80
NETNEWS　127
NGN(Next Generation Network)　184
NLA ID(Next Level Aggregator ID)　85
NSSA(Not So Stubby Area)　105

OS　3
OSI(Open Systems Interconnection)　44
OSI 基本参照モデル　44
OSPF(Open Shortest Path First)　102

PDU(Protocol Data Unit)　45
ping　58
PLC(Power Line Communications)　124

PLC(Power Line Communications)　183
POP 3(Post Office Protocol version 3)　130

RFC(Request For Comments)　11
RIP(Routing Information Protocol)　98

S/MIME(Secure MIME)　131
SISO(Single In Single Out)　180
SLA ID(Site Level Aggregator ID)　85
SMTP(Simple Mail Transfer Protocol)　130
SNMP(Simple Network Management Protocol)　51
SPF(Shortest Path First)アルゴリズム　102
SPF ツリー　102
SSID(Service Set Identifier)　30

TCP(Transmission Control Protocol)　51
TCP/IP(Transmission Control Protocol/Internet Protocol)　10
TELNET　127
TFTP(Trivial File Transfer Protocol)　51
TLA ID(Top Level Aggregator ID)　85
tracert　58
TSA　104

UDP(User Datagram Protocol)　51
UPA　183
URL(Uniform Resource Locator)　132
UWB(Ultra Wide Band)　181

VLSM(Variable Length Subnet Mask)　70

WAN(Wide Area Network)　8
Web 2.0　174
well-known port　17
WEP(Wired Equivalent privacy)　30
WWW(World Wide Web)　126

XMLHttpRequest　177

【邦文】

[ア行]
アカウント　150
アドレス　16
アドレス変換機能　80
アナログ　12
アプリケーション層　47
アペンドトークン方式　37
アーリートークンリリース方式　37
暗号化　160
暗号文　160

イーサネット 28
インターネット層 50
インターフェース 83
イントラネット 10
ウェルノウンポート 17
エニーキャストアドレス 85
エリア 102
エンティティ 44
オクテット 14
オペレーティングシステム 3

[カ行]
改ざん 140
架空請求 147
カテゴリ 29
カプセル化 45
可用性 148
完全性 148
機密性 148
共通鍵 162
共通鍵暗号方式 162
クラスA 64
クラスB 64
クラスC 64
クラスフルアドレス 64
クラスレスなアドレス 66
クラッカー 30
クロスサイトスクリプティング攻撃 146
グローバルアドレス 78
グローバルユニキャストアドレス 84
ゲートウェイ 33
公開鍵 163
公開鍵暗号方式 162
コスト 96
固定長サブネットマスク 73
コネクション 45
コネクション型 49
コネクションレス型 49
コリジョンドメイン 32
コンバージェンス 96
コンピュータネットワーク 2

[サ行]
再送 27
再配布 104
サクセサ 109
サービス 44
サブネット 72
サブネット化 72
サブネットマスク 60
サブネットワーク 72
サマライズ 105

サマリアドレス 77, 105
自動集約 109
収束 96
集約 69
常時接続 122
自律システム 97
シングルエリアOSPF 102
スイッチングハブ 7
スター型 19
スタティックルーティング 92
スタブエリア 104
スーパーネット 69
スーパーネット化 76
スパムメール 142
スプリッタ 8
スプリットホライズン 116
生体認証 153
静的ルーティング 92
セグメント 45
セション層 47
セル 27, 37
ソーシャルエンジニアリング 146

[タ行]
ダイクストラ 102
ダイナミックルーティング 94
代表ルータ 103
ダイヤルアップ接続 122
ターミネータ 18
チェーンメール 142
ツイストペアケーブル 24
通常エリア 104
ツリー型 19
ディスタンスベクタ型 96
デジタル 12
デジタル署名 164
データ伝送速度 15
データリンク層 46
デファクトスタンダード 48
電子署名 164
電子メール 126
統合アイエスアイエス 106
同時送信機能 129
盗聴 140
動的ルーティング 94
トークンパッシング方式 27
トータリーNSSA 105
トータリースタブエリア 104
トポロジ 18
トポロジテーブル 109
トランスポート層 47

[ナ行]
なりすまし　141
認証　150
認証局　166
ネイバー　93
ネイバーテーブル　109
ネクストホップアドレス　93
ネクストホップルータ　101
ネットワークアドレス　62
ネットワークインタフェース層　50
ネットワーク層　46
ネットワーク部　62
ノード　18

[ハ行]
バイオメトリクス複合認証　153
バイト　14
ハイブリッド型　97
パケット　45
パケットキャプチャ　90
パケットキャプチャリングツール　90
バス　18
パスアトリビュート　110
バス型　18
パス属性　110
パスベクタ型　97
バックアップルート　92
バックドア　144
バックボーンエリア　102
ハッシュ関数　165
ハブ　6
ビット　12
否認　141
非武装地帯　158
秘密鍵　163
標準化　11
平文　160
ファイアウォール　154
フィジブルサクセサ　109
フィッシング詐欺メール　143
フィルタリング機能　33
復号　160
複合メトリック　100
物理アドレス　17
物理層　46
踏み台　144
プライベートアドレス　78
ブリッジ　32
プレゼンテーション層　47
プレフィックス　83
プレフィックス長　68

フレーム　45
プロキシサーバ　133
プロセス ID　103
ブロードキャストアドレス　62
ブロードキャストドメイン　32
プロトコル　10
ベースバンド方式　28
ヘッダ　45
ホストアドレス　62
ホスト部　62
ボット　145
ホップ数　98
ポート番号　17
ホールドダウンタイマ　116

[マ行]
マルチエリア OSPF　104
マルチキャストアドレス　65, 85
無線 LAN　7
メッシュ型　19
メトリック　96
モデム　8

[ヤ行]
ユビキタスネットワーク　3

[ラ行]
リンク　18
リング型　19
リンクステート型　96
リンクローカルユニキャストアドレス　84
ルータ　7
ルータ ID　103
ルーティングアップデート　96
ルーティング機能　33
ルーティンググループ　101
ルーティング対象プロトコル　95
ルーティングテーブル　33
ルーティングプロトコル　94
ルーテッドプロトコル　95
ルートポイズニング　116
ローカルエリアネットワーク　6
ローミング　125
ロンゲストマッチ　77
論理アドレス　16

[ワ行]
ワイドエリアネットワーク　8
ワイルドカードマスク　103
ワンクリック不当請求　147
ワンタイムパスワード　152

著者紹介

渡部素志（ワタナベ モトシ）
1978年　中央大学理工学部卒業
現　在　日本工学院八王子専門学校　ITカレッジ

今田　浩（コンタ ヒロシ）
1985年　日本工学院専門学校電子工学研究科卒業
現　在　日本工学院八王子専門学校　ITカレッジ

齋藤貴幸（サイトウ タカユキ）
1997年　日本工学院八王子専門学校情報処理科三年制卒業
現　在　日本工学院八王子専門学校　ITカレッジ

はじめよう！
コンピュータネットワーク
Let's start computer-network !

2008年4月15日　初版1刷発行
2009年3月15日　初版2刷発行

著　者	渡部素志　　　　　Ⓒ 2008 今田　浩 齋藤貴幸
発行者	南條光章
発行所	共立出版株式会社 〒112-8700 東京都文京区小日向4-6-19 電話 03-3947-2511（代表） 振替口座 00110-2-57035 URL http://www.kyoritsu-pub.co.jp/
印　刷	加藤文明社
製　本	ブロケード

検印廃止
NDC 007
ISBN 978-4-320-12213-0

社団法人
自然科学書協会
会員

Printed in Japan

JCLS ＜㈳日本著作出版権管理システム委託出版物＞
本書の無断複写は著作権法上での例外を除き禁じられています．複写される場合は，そのつど事前に㈳日本著作出版権管理システム（電話03-3817-5670, FAX 03-3815-8199）の許諾を得てください．

実力養成の決定版‥‥‥‥学力向上への近道！

やさしく学べる基礎数学 —線形代数・微分積分—
石村園子著‥‥‥‥‥‥‥‥‥A5・246頁・定価2100円(税込)

やさしく学べる線形代数
石村園子著‥‥‥‥‥‥‥‥‥A5・224頁・定価2100円(税込)

やさしく学べる微分積分
石村園子著‥‥‥‥‥‥‥‥‥A5・230頁・定価2100円(税込)

やさしく学べる微分方程式
石村園子著‥‥‥‥‥‥‥‥‥A5・228頁・定価2100円(税込)

やさしく学べる統計学
石村園子著‥‥‥‥‥‥‥‥‥A5・230頁・定価2100円(税込)

やさしく学べる離散数学
石村園子著‥‥‥‥‥‥‥‥‥A5・230頁・定価2100円(税込)

大学新入生のための 数学入門 増補版
石村園子著‥‥‥‥‥‥‥‥‥B5・230頁・定価2205円(税込)

大学新入生のための 微分積分入門
石村園子著‥‥‥‥‥‥‥‥‥B5・196頁・定価2100円(税込)

大学新入生のための 物理入門
廣岡秀明著‥‥‥‥‥‥‥‥‥B5・224頁・定価2100円(税込)

大学生のための例題で学ぶ 化学入門
大野公一・村田 滋他著‥‥‥A5・224頁・定価2310円(税込)

詳解 線形代数演習
鈴木七緒・安岡善則他編‥‥‥A5・276頁・定価2520円(税込)

詳解 微積分演習 I
福田安蔵・鈴木七緒他編‥‥‥A5・386頁・定価2205円(税込)

詳解 微積分演習 II
福田安蔵・安岡善則他編‥‥‥A5・222頁・定価1995円(税込)

詳解 微分方程式演習
福田安蔵・安岡善則他編‥‥‥A5・260頁・定価2520円(税込)

詳解 物理学演習 上
後藤憲一・山本邦夫他編‥‥‥A5・454頁・定価2520円(税込)

詳解 物理学演習 下
後藤憲一・西山敏之他編‥‥‥A5・416頁・定価2520円(税込)

詳解 物理/応用 数学演習
後藤憲一・山本邦夫他編‥‥‥A5・456頁・定価3360円(税込)

詳解 力学演習
後藤憲一・山本邦夫他編‥‥‥A5・374頁・定価2625円(税込)

詳解 電磁気学演習
後藤憲一・山崎修一郎編‥‥‥A5・460頁・定価2730円(税込)

詳解 理論/応用 量子力学演習
後藤憲一他編‥‥‥‥‥‥‥‥A5・412頁・定価4410円(税込)

詳解 電気回路演習 上
大下眞二郎著‥‥‥‥‥‥‥‥A5・394頁・定価3675円(税込)

詳解 電気回路演習 下
大下眞二郎著‥‥‥‥‥‥‥‥A5・348頁・定価3675円(税込)

明解演習 線形代数
小寺平治著‥‥‥‥‥‥‥‥‥A5・264頁・定価2100円(税込)

明解演習 微分積分
小寺平治著‥‥‥‥‥‥‥‥‥A5・264頁・定価2100円(税込)

明解演習 数理統計
小寺平治著‥‥‥‥‥‥‥‥‥A5・224頁・定価2520円(税込)

これからレポート・卒論を書く若者のために
酒井聡樹著‥‥‥‥‥‥‥‥‥A5・242頁・定価1890円(税込)

これから論文を書く若者のために 大改訂増補版
酒井聡樹著‥‥‥‥‥‥‥‥‥A5・326頁・定価2730円(税込)

これから学会発表する若者のために —ポスターと口頭のプレゼン技術—
酒井聡樹著‥‥‥‥‥‥‥‥‥B5・182頁・定価2835円(税込)

〒112-8700 東京都文京区小日向4-6-19　**共立出版**　TEL 03-3947-9960／FAX 03-3947-2539
http://www.kyoritsu-pub.co.jp/　　郵便振替口座 00110-2-57035